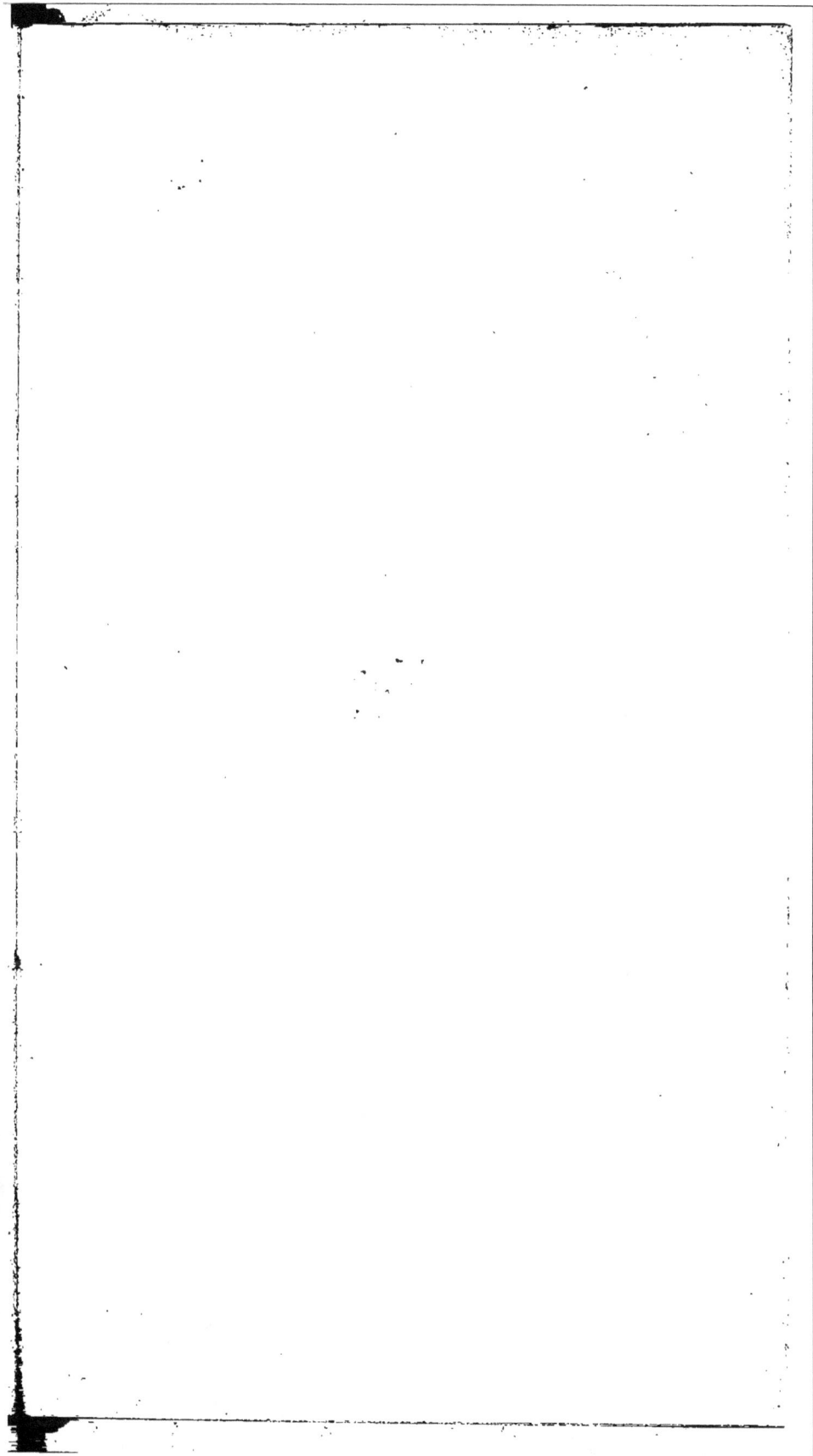

ÉLÉMENS

DE LA TENUE DES LIVRES

EN PARTIE SIMPLE

ET EN PARTIES DOUBLES.

Cet Ouvrage se vend à PARIS,

CHEZ { L'AUTEUR, rue Saint-Jacques, n.º 75;
MARTINET, Libraire, rue du Coq Saint-Honoré, n.º 15;
LATOUR, Libraire, Palais-Royal, grande cour;
DELAUNAY, Libraire, Palais-Royal, galerie de Bois.

CHEZ {
J. MOSSY . . . . à Marseille.

PERISSE, frères . . . . . à Lyon.

V.ᵉ BERGERET . . . . . à Bordeaux.

VIEUSSEUX . . . . . . à Toulouse.

BUSSEUIL Jeune. . . . . à Nantes.

DEIS . . . }
GIRARD . . } . . . . . à Besançon.

MANGET ET CHERBULIER
PASCHOUD } à Genève.

DEMAT . . . }
LE CHARLIER . } . . . à Bruxelles.

J.-F. BARBIER . . . . . à Poitiers.

HUET-PERDOUX . . . . à Orléans.

ÉLÉMENS

DE LA TENUE DES LIVRES

EN PARTIE SIMPLE

ET

EN PARTIES DOUBLES,

OU

Méthode Théori-pratique et abrégée, pour apprendre en peu de temps cette science, contenant les Modèles du Brouillard, du Journal, du Grand-Livre ; la manière d'établir la Comptabilité, de faire un Inventaire, la Balance des Comptes, la démonstration des principes généraux, et diverses Observations sur les Livres; les Ecritures, les Opérations du Commerce de Terre, de Mer, de Banque ; Comptes en participation, Livres auxiliaires ; Application de la partie double au Commerce en détail, à toute espèce de Comptabilité financière, commerciale, administrative, rurale, maritime ou nautique.

Par N. M. GARNIER (de Langres),

Instituteur, Bachelier ès-Sciences et ès-Lettres dans l'Université, Teneur de Livres, Expert et Arbitre en matières commerciales.

SECONDE ÉDITION, REVUE, CORRIGÉE ET AUGMENTÉE.

A PARIS,

Chez BRUNOT-LABBE, Libraire de l'Université, quai des Augustins, n.° 33.

1815.

L'Auteur, Professeur, Directeur d'un Comptoir d'Instruction commerciale et administrative, demeure rue Saint-Jacques, n.° 75; il donne chez lui et en ville, dans les Pensions, Institutions et Maisons d'Education, des Leçons d'Arithmétique, de Changes Etrangers, Arbitrages pour toutes les Places de l'Europe, opérations de Finance, spéculations en Banque et en Marchandises, Tenue des Livres à partie simple, à parties mixtes, et à parties doubles; de Langues Française, Latine et Grecque; il démontre les Elémens des Langues Espagnole, Portugaise, Anglaise, Italienne, Allemande, Hollandaise et Russe, et les Principes de la Grammaire générale, applicables à toutes les Langues, dont il fait voir l'analogie et les rapports qu'elles ont entre elles; de plus, il enseigne le Grec moderne ou vulgaire, démontre non seulement son analogie, mais sa parfaite ressemblance avec le Grec ancien. La Langue Grecque vulgaire est celle que parlent aujourd'hui les Grecs modernes; elle conserve de très-grands rapports avec l'ancienne Langue. Ce Peuple habite cette partie de la Turquie que l'on nomme Grèce, et qui fut autrefois si célèbre.

Il se charge pour les Maisons de Commerce, de mettre leurs Ecritures à jour, de faire les Inventaires, la Balance des Comptes; de toute Liquidation; d'établir les Ecritures propres à chaque nature de Commerce, les Comptes courans et d'intérêts, les Livres auxiliaires, et de tenir une Balance journalière et perpétuelle, afin de pouvoir connoître en tout temps sa situation.

On trouve aussi chez l'Auteur, 1.° le Tableau Synoptique à l'usage des Banquiers et des Négocians, pour la Comparaison des diverses Monnaies, Poids et Mesures, et pour les Changes des principales Villes de Commerce des quatre parties du Monde qui correspondent avec la France; 2.° le Tableau de Comparaison pour les nouveaux Poids et Mesures; 3.° le Barême Décimal.

AVIS DE L'ÉDITEUR,

Sur l'utilité de cette Méthode, et la manière de s'en servir.

L'AUTEUR a appliqué cette Méthode à toute espèce de Comptabilité par des principes certains et bien démontrés; il l'a rendue propre à établir et à maintenir l'ordre et l'exactitude Mathématique dans les Comptabilités publiques et particulières.

Pour étudier la Méthode à parties doubles, il faut consulter, pour chaque article du Brouillard, sous le même numéro, le Journal et les Notes explicatives de la Méthode Théori-pratique, placée à la suite du Grand-Livre à parties doubles, afin de s'exercer et de s'instruire soi-même. On continuera cet exercice jusqu'à ce que l'on puisse, sans ce secours, trouver le Débiteur et le Créditeur sur le Brouillard seul.

La Table analytique qui est à la fin, indique les Affaires ou Opérations de Commerce et de Banque, représentées par chaque numéro, sous lequel on les retrouve au Brouillard, au Journal à parties doubles, et dans la Méthode Théori-pratique, ce qui facilitera les recherches et servira d'Instruction.

Le même Brouillard sert pour la partie simple; en comparant ce Brouillard avec le Journal à partie simple, par ordre de date, on pourra s'exercer à tenir les Ecritures suivant cette Méthode, en observant ce Principe : DOIT, *celui qui reçoit ;* AVOIR, *celui qui donne.* Les deux Méthodes présentent le même résultat à la Balance, ce qui en démontre la vérité et l'exactitude. (*Voyez pag.* 9 *et* 10.)

ÉLÉMENS

ÉLÉMENS

DE LA TENUE DES LIVRES

EN PARTIE SIMPLE.

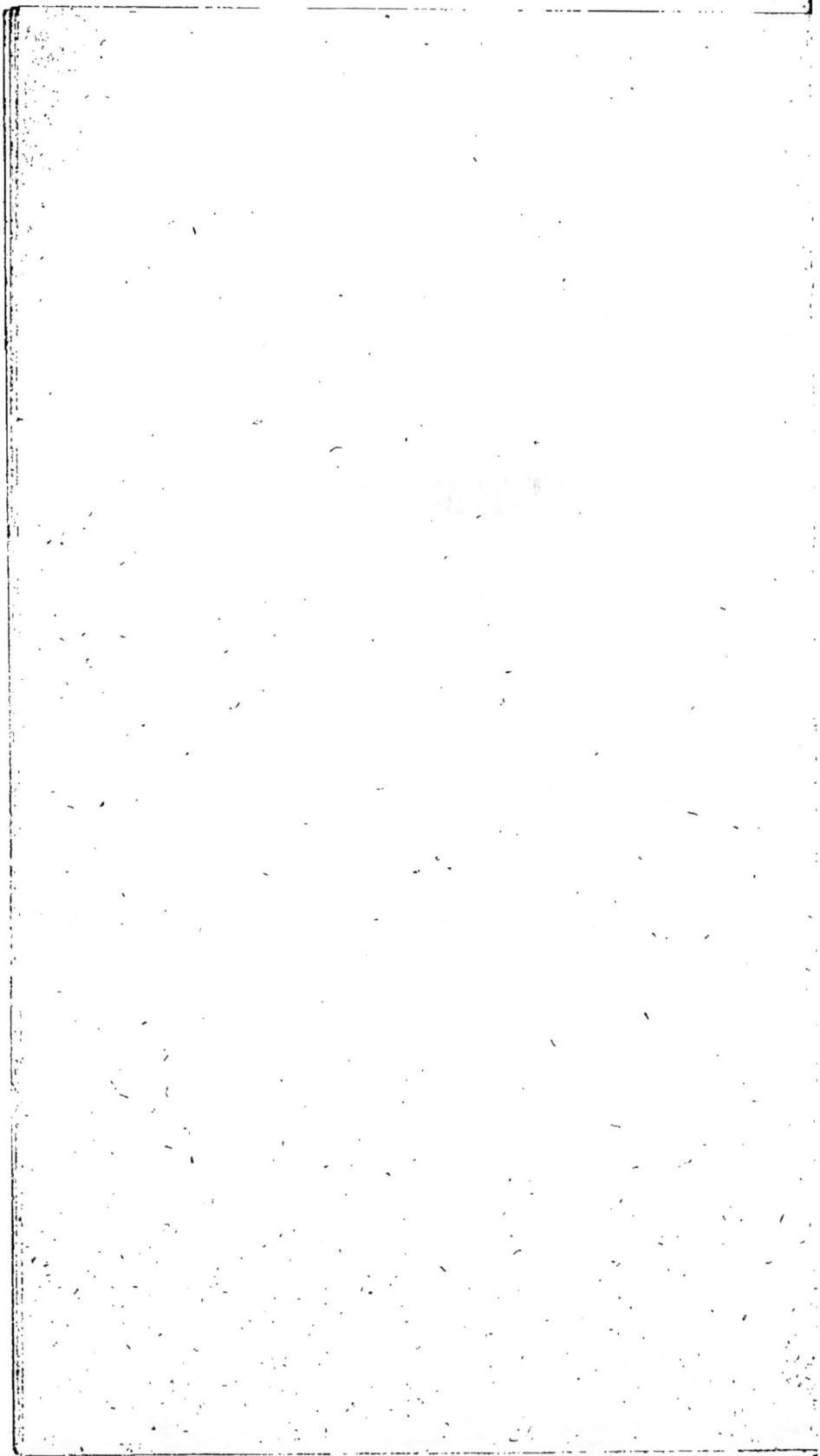

ÉLÉMENS

DE LA TENUE DES LIVRES

EN PARTIE SIMPLE.

———

Instruction et Principes.

Dans la partie simple, comme dans la partie double, la tenue des livres consiste à savoir tenir des notes exactes de toutes les affaires que l'on fait : ces notes sont écrites sur différens livres. En France, tout commerçant est tenu d'en avoir un qu'on nomme *Journal,* sur lequel il doit inscrire jour par jour ses opérations. La loi ne prescrit d'ailleurs aucune méthode. Les négocians ont adopté celle qui pouvoit leur faire connoître avec clarté et précision leurs affaires. Ces méthodes se réduisent à deux : l'une s'appelle la partie simple et l'autre la partie double.

Des livres auxiliaires.

Dans la tenue des livres en partie simple, le négociant tient de simples notes de ses affaires.

1

On peut dire que cette méthode n'est basée sur aucune règle fixe, puisque ceux qui la suivent se servent arbitrairement d'un plus ou moins grand nombre de Livres auxiliaires, outre le Journal et le Grand-livre. Les Livres auxiliaires ne sont que des recueils de notes prises pour soulager la mémoire, on peut les tenir sans difficulté, après les avoir vus une fois; leur nombre dépend de la volonté ou de la nature des affaires d'un négociant. On tient ces livres par débit et par crédit; par exemple, sur la page à gauche du *Livre de Caisse*, ou de *celui de Marchandises*, on écrit l'argent ou les marchandises que l'on reçoit, et sur la page à droite l'argent ou les marchandises qu'on fournit. Pour le livre *des profits et pertes*, on porte à gauche les pertes et à droite les bénéfices; il en est de même des autres registres. On peut examiner au Grand livre en partie double les comptes de Caisse, de Marchandises générales, de Lettres et billets à payer, de Lettres et billets à recevoir, de Profits et pertes; ils peuvent servir de modèles. Le Livre *des Factures* n'est que la copie des factures des marchandises que l'on achète et que l'on vend.

Pour tous les effets en papier, soit à recevoir, soit à payer, on a des numéros d'ordre, pour connoître l'entrée et la sortie de chaque effet, pour faire ensuite la Balance, c'est-à-dire pour voir ceux qui restent à payer ou à recevoir.

Principes pour la partie simple.

Dans la partie double on ouvre des comptes aux personnes et aux choses, c'est-à-dire aux objets de commerce; dans la partie simple on n'ouvre des comptes qu'aux personnes seulement. Dans la partie double, chaque article du journal contient un Débiteur et un Créditeur, *le Compte qui reçoit doit à celui qui donne.* Au Journal à partie simple, on débite seulement la personne qui reçoit et qui doit pour un article, et on crédite le négociant qui donne et à qui l'on doit pour un autre article.

Du Journal tenu en partie simple.

Au Journal à parties simples, on ne passe que les articles relatifs aux affaires faites à terme; dans cette Méthode on porte sur les Livres auxiliaires les achats et les ventes au comptant, les paiemens et les encaissemens des billets, les dépenses, les pertes, les profits, etc. Pour les affaires faites à terme, on débite la personne qui reçoit, et qui doit l'objet dont il s'agit; et l'on crédite au contraire la personne à qui cet objet est dû, ou qui a fourni la valeur de l'article dont on veut passer écriture.

Sur le Journal le mot *doit* précède le nom du Débiteur, et on suit cette formule :

DOIT FLEURY F. = 6oo = pour tel ou tel objet; le reste de l'article n'est qu'une explication pure et simple de la raison pour laquelle le Débiteur doit la somme dont il est question.

Pour le Créancier, l'on dit :

AVOIR DUBOUR F. $= 5oo =$ On voit que le mot *avoir* précède le nom du Créancier; le reste de article ne doit contenir qu'une simple explication du motif qui a fait créditer la personne avec laquelle on est en relation d'affaires.

On voit que le Journal en partie simple ne contient que les débits et les crédits des particuliers qui sont liés d'intérêts avec le négociant : il y débite la personne qui lui doit, et il y crédite celle à qui il doit, en suivant ce principe :

Celui qui doit, reçoit ou a reçu une valeur quelconque, en est débiteur, et il faut en porter le montant à la charge de son compte.

Celui à qui il est dû, qui paye ou a payé; ou enfin qui fournit une valeur quelconque, en argent, marchandise, billet, lettre de change ou toute autre valeur, est créancier; et l'on porte le montant de ce qu'il donne à la décharge de son compte.

Les sommes que le négociant reçoit et qu'il paie en argent, sont portées au livre de Caisse; les marchandises qu'il achète et vend sont portées au livre des Marchandises; les Billets à recevoir et à payer sont portés aux livres qui concernent ces sortes d'effets; enfin, les profits et pertes sont

portés au Livre des profits et pertes ; ces objets
pour lesquels on ouvre des comptes dans les parties doubles, ne sont pas inscrits en débit et crédit au
Journal en partie simple, et n'ont par conséquent
pas de compte ouvert au Grand-livre, tenu suivant cette Méthode. Voyez le modèle du Journal
ci-après.

Du Grand-livre en partie simple.

Dans ce Grand-livre, on ouvre un compte par
débit et crédit aux négocians ou correspondans
qui sont débités ou crédités au Journal, et on
porte à gauche au débit du compte de chaque
personne, les sommes dont elle est débitée au
Journal, et au crédit de ce même compte à droite,
les sommes dont elle y est créditée ; on met d'a-
bord le mois, la date, ensuite on expose brièvement l'opération, puis on indique le folio du Journal et la somme. On suit la même formule tant
pour le débit que pour le crédit. Voyez le modèle
ci-après.

D'où il faut conclure que la tenue des livres en
partie simple a pour objet de tenir des comptes
par débit et crédit, seulement pour chacun des
négocians ou des correspondans, ou de toutes
autres personnes avec lesquelles on fait des affaires à terme.

Certains négocians tiennent des notes détaillées

de toutes les opérations de leur commerce, sur un livre qu'ils appellent *Mémorial*. Le Brouillard ci-après peut servir de modèle ; nous y avons proposé pour exemples plusieurs affaires dont nous passons écriture en partie simple et en partie double, afin que l'on puisse comparer les deux méthodes.

De la Balance de sortie.

Pour faire la Balance d'après le Grand-livre à partie simple, il faut additionner le débit et le crédit de chaque compte ; le débit indique ce que le correspondant a reçu ; et le crédit, ce qu'il a donné ; s'il a reçu plus qu'il n'a donné, ou, ce qui est la même chose, si son débit surpasse son crédit, il faut porter cet excédant de débit au crédit de son compte, en disant : *pour solde et balance, que je porte à son débit à compte nouveau ;* et alors les deux côtés doivent être égaux, ce qui fait la Balance de sortie ; si au contraire il a donné plus qu'il n'a reçu, c'est-à-dire si son crédit surpasse son débit, il faut porter cet excédant de crédit au débit de son compte, en disant : *pour solde et balance, que je porte à son crédit, à compte nouveau ;* et alors les deux côtés présentant une somme pareille, on a ainsi la Balance de sortie.

Le résultat de la Balance définitive provenant de l'addition de tous les comptes dont on a pris les excédants, tant

en débit qu'en crédit, donne pour le montant
de l'actif par les Débiteurs la somme de.... 90,720 »

Par le moyen des Livres auxiliaires, on
voit qu'il reste en caisse. 160,660

En porte-feuille, des effets montant à. . . 24,000 »
En magasin, des marchandises estimées à. . 2,800 »
Plus, du sucre en magasin, montant à. . 15,000 »
Café en magasin, montant à . . . . 16,000 »

Donc, *le total de l'actif s'élève à.* . . . . . 309,180 »

Le montant du passif par les Créanciers,
comme on le voit à la Balance de
sortie au Journal à partie simple,
s'élève à. . . . . 59,780fr.

Par le Livre auxiliaire des lettres et des billets à payer, on voit
qu'il reste des effets en circulation
pour une somme de. 12,000

Donc, *le total du passif s'élève*
à. 71,780fr. ci. 71,780fr. »

Partant le capital net est de. . . . . 237,400fr. »

Ce résultat définitif indiquant la situation du
négociant, est le même que celui trouvé par la
Méthode à parties doubles, comme on le voit à la
Balance, au Journal, et au Grand-livre à parties
doubles.

fr.   c.

L'inventaire placé au commencement du Mémorial ou Brouillard, présente un Capital net de. 198,200   »

Par le moyen du Livre auxiliaire des profits et pertes, on verroit que le crédit total ou le montant de tous nos profits s'élève à. . . . . 61,800fr.

Et que le montant du débit ou la totalité de nos pertes s'élève à. 22,600

Partant mon bénéfice net est de. . 39,200fr.

D'après le résultat définitif de mes opérations commerciales, décrites au Journal et rapportées au Grand-livre, et d'après mes Livres auxiliaires, il s'en suit que l'augmentation de mon Capital est de. 39,200   »

Donc, mon nouveau Capital net doit être de. . . . . 237,400fr.   »

C'est en effet celui que j'ai trouvé par l'une et l'autre méthode, c'est à-dire après avoir passé les écritures au Journal à parties simples, et au Journal à parties doubles, d'après le même Mémorial ou Brouillard, par conséquent pour les mêmes opérations.

De la Balance d'entrée.

Dans la Balance d'entrée, on rétablit les comptes.

tels qu'ils doivent être en effet, ceux qui étoient restés Débiteurs par solde de leurs comptes, le redeviennent à nouveau ; et de même ceux qui étoient restés Créanciers, sont crédités à nouveau, comme on le voit au Journal à la Balance d'entrée, ci-après.

Il ne resterait plus qu'à continuer ou à ouvrir des comptes au Grand-livre à tous ceux qui restent Débiteurs ou Créanciers, afin d'y porter à nouveau les sommes qui soldent leurs comptes dans les anciennes écritures.

NOTA. 1.º Le Journal suivant en partie simple, est tenu pour les mêmes opérations décrites au Brouillard ci-après, et dont nous passons aussi écriture dans le Journal en partie double, de sorte qu'il sera facile de comparer les deux Méthodes.

2.º On pourra facilement comparer le Journal à parties simples, avec le Brouillard que nous donnons ci-après, par le moyen des dates du mois. On fera bien de s'exercer sur ce Brouillard, à trouver le Débiteur et le Créancier de chaque article, suivant la Méthode de la partie simple, d'après le principe que nous avons établi page 6. Lorsqu'on les trouvera sans se tromper, et que l'on concevra bien l'application du principe à chaque exemple, on pourra se croire suffisamment instruit.

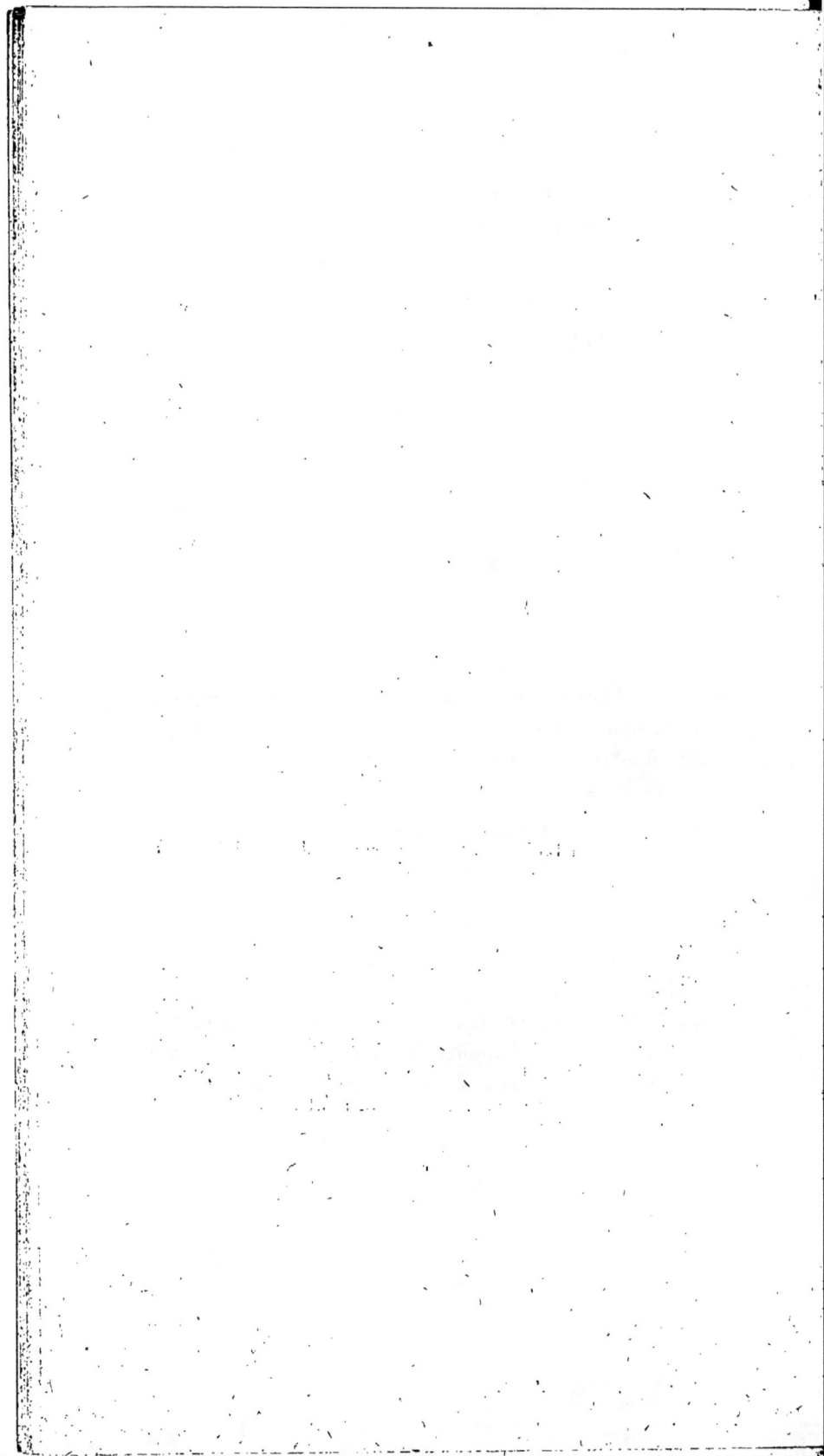

JOURNAL A,

TENU EN PARTIE SIMPLE,

Commencé à Paris, le 3 janvier 1815.

Porté au Grand-livre, Folio.		

———————— *Du 3 janvier 1815.* ————————

F°. 1	Avoir, *Stor*, fr. 1600, acheté dudit, à trois mois, 10 barriques de vin Mâcon, 1ʳᵉ. qualité, à 160 fr. la barrique.	1600

———————— *Du 8 dito.* ————————

1	Doit, *Godson*, fr. 1800, vendu audit, à trois mois, 10 barriques de vin Mâcon, 1ʳᵉ. qualité, à 180 fr. la barrique.	1800

———————— *Du 10 dito.* ————————

1	Avoir, *Sollet*, fr. 600, reçu dudit en espèces, valeur en compte.	600

———————— *Du 12 dito.* ————————

1	Avoir, *Froger*, fr. 300, reçu en espèces de Jolly, pour compte dudit. :	300

———————— *Du 14 dito.* ————————

1	Doit, *Leblanc*, fr. 200, compté audit en espèces, valeur en compte.	200

———————— *Du 16 dito.* ————————

1	Doit, *Fournier*, fr. 400, compté à Tourlet en espèces, pour compte dudit.	400

———————— *Du 17 dito.* ————————

1	Doit, *Hacot de Lyon*, fr. 8000, pour la somme qu'Ernest de Bordeaux a comptée audit pour mon compte.	8000

Fol. 2.
———————— *Du 17 janvier.* ————————

F°. 1 | Avoir, *Ernest de Bordeaux*, fr. 8000, pour la somme que ledit a comptée à Hacot de Lyon pour mon compte. . . . . | 8000

———————— *Du 18 dito.* ————————

2 | Doit, *Bovard de Marseille*, fr. 12,000, pour la somme que ledit a reçue de Hacot de Lyon pour mon compte. . . . . . . | 12000

———————— *Du 18 dito.* ————————

1 | Avoir, *Hacot de Lyon*, fr. 12,000, pour la somme que ledit a comptée à Bovard de Marseille pour mon compte. . . . . . | 12000

———————— *Du 19 dito.* ————————

1 | Doit, *Ernest de Bordeaux*, fr. 12,000, pour la somme que Bovard de Marseille lui a comptée pour mon compte. . . . . | 12000

———————— *Du 19 dito.* ————————

2 | Avoir, *Bovard de Marseille*, fr. 12,000, pour la somme que ledit a comptée audit Ernest de Bordeaux pour mon compte. . | 12000

———————— *Du 20 dito.* ————————

2 | Avoir, *Laurin de Rouen*, fr. 6000, pour ma traite sur ledit, à l'ordre de Jouy, du 20 courant, à trois usances, négociée au pair. | 6000

———————— *Du 21 dito.* ————————

2 | Avoir, *Jourdan de Lyon*, fr. 5000, pour ma traite sur Laurin, de Rouen, pour compte dudit créditeur, à l'ordre de Jouy, du 21 courant, à trois usances, négociée au pair. . . . . | 5000

Fol. 3.

——————— Du 24 janvier. ———————

F°. 2 | Doit, *Leblond de Marseille*, fr. 7400, pour
ma remise audit, en traite de Chauvin, à
mon ordre, sur Dubray, de ce jour, à 15
jours de date, que j'ai prise au pair. . . | 7400

——————— Du 25 dito. ———————

2 | Doit, *Coulon de Bordeaux*, fr. 3600, pour
ma remise à Jourdan, de Lyon, pour
compte dudit débiteur, en traite de Poujin, sur Roblot de Lyon, de ce jour à 15
jours de date, à mon ordre, que j'ai prise
au pair. . . . . | 3600

——————— Du 26 dito. ———————

2 | Avoir, *Germain de Bayonne*, fr. 4500,
pour sa remise en traite de Guibert sur
Girardin, à son ordre, du 20 courant, à
10 jours de date. . . . . | 4500

——————— Du 27 dito. ———————

2 | Avoir, *Germain de Bayonne*, fr. 5600,
pour la remise de Gaudry, de Bordeaux,
pour compte dudit créditeur, en traite
de Gardera, de Bordeaux, à son ordre,
sur Couton, du 15 courant, à 15 jours
de date . . . . | 5600

——————— Du 2 février 1815. ———————

2 | Doit, *Laurin de Rouen*, fr. 6000, acquitté
sa traite, à l'ordre de Ricard, sur moi,
du 1er. passé, à 30 jours de date, acceptée
le 22 janvier. . . . . | 6000

Fol. 4.

——————— *Du 2 février.* ———————

F°. 2 DOIT, *Jourdan de Lyon*, fr. 5000, compté en espèces pour acquit de la traite de Laurin, de Rouen, sur moi, pour compte dudit débiteur, du 1er. passé, à 3o jours de date, acceptée le 23 janvier. . . . . | 5000

——————— *Du 12 dito.* ———————

2 AVOIR, *Déprez*, fr. 155oo, pour la moitié payable à trois mois des marchandises suivantes achetées audit, savoir :

o Barriques café pesant net 8ooo liv. à 2 fr. 16,000

1o Barriques sucre pesant net 1o mil- liers, à 1 fr. 5o cent. la liv. . , . . 15,000

TOTAL. 31,000

Sur laquelle somme je lui ai payé comp- tant 15,5oo fr. . . . . | 155oo

——————— *Du 5 mars* 1815. ———————

2 DOIT, *Durand de Bayonne*, fr. 85oo, ledit a négocié 4ooo marcs pour mon compte, dont le net produit s'élève à 85oo fr., sui- vant sa lettre du 2 courant; j'avois acheté ladite lettre de change sur Hambourg, le 18 février, au change de 192 fr. pour 1oo marcs lubs. . . . . | 85oo

——————— *Du 20 dito.* ———————

3 AVOIR, *Duperron de Bordeaux*, fr. 25,000, ledit a acheté pour mon compte 5o ton- neaux de vin, montant suivant son compte d'achat du 12 courant à. . . . . | 25000

Fol. 5.

————— Du 28 mars. —————

F°. 3 | Doit, *Debrie*, fr. 26,250, acheté comptant de compte à demi avec ledit, 10,000 piastres fortes d'Espagne, à 5 fr. 25 cent., faisant 52,500 fr., dont pour sa moitié audit achat . . . . | 26250

————— Du 30 dito. —————

3 | Avoir, *Debrie*, fr. 26,500, vendu comptant de compte à demi avec ledit, 10,000 piastres à 5 fr. 30 cent. faisant 53,000 fr., dont pour sa moitié à ladite vente. . . . . . . | 26500

————— Du 1.er avril 1815. —————

3 | Doit, *Debrie*, fr. 17,000, acheté comptant de compte à demi avec ledit, 1000 souverains à 34 fr, faisant 34,000 fr., dont pour sa moitié audit achat. . . . . | 17000

————— Du 3 dito. —————

3 | Avoir, *Debrie*, fr. 17,250, vendu comptant de compte à demi avec ledit, 1000 souverains à 34 fr. 50 cent., faisant 34,500 fr., dont pour sa moitié à ladite vente. . . . | 17250

————— Du 5 dito. —————

5 | Doit, *Debrie*, fr. 8000, acheté comptant de compte à tiers avec ledit et Lemoine, 2000 ducats de Hollande, à 12 fr., faisant 24000 fr., dont le tiers audit achat pour Debrie est de. . . . . | 8000

————— . . . dito. —————

3 | Doit, *Lemoine*, fr. 8000, pour son tiers à l'achat ci-dessus, dont je suis directeur.. | 8000

2

JOURNAL

Fol. 6.
——————— *Du* 8 *avril* 1815 ———————

F°. 5 | Avoir, *Debrie*, fr. 8000, reçu dudit en es-
pèces pour son tiers à l'achat de 2000 du-
cats de Hollande, dont je suis directeur.. | 8000

——————— *Dito.* ———————

3 | Avoir, *Lemoine*, fr. 8000, reçu dudit en
espèces, pour son tiers à l'achat de 2000
ducats ci-dessus. . . . . | 8000

——————— *Du* 10 *dito.* ———————

3 | Avoir, *Debrie*, fr. 10,000, vendu comptant
de compte à tiers avec ledit et Lemoine,
2000 ducats de Hollande, à 15 fr., faisant
30,000 fr., dont le tiers à ladite vente pour
Debrie, est de, ... | 10000

——————— *Dito.* ———————

3 | Avoir, *Lemoine*, fr. 10,000, pour son tiers
à la vente ci-dessus, dont je suis directeur. | 10000

——————— *Du* 11 *dito.* ———————

3 | Doit, *Debrie*, fr. 10,000, compté audit en
espèces, pour son tiers au net provenu de
2000 ducats de Hollande. . . . . | 10000

——————— *Dito.* ———————

3 | Doit, *Lemoine*, fr. 10,000, compté audit
en espèces pour son tiers au net provenu
de 2000 ducats. . . . . | 10000

——————— *Du* 12 *dito.* ———————

5 | Doit, *Debrie*, fr. 17,000, acheté comptant
de compte à quart avec Debrie, Lemoine
et Perrier,

Fol. 7.

1000 souverains à 32 fr. . 32000
1500 guinées à 24 fr. 36000

                                    68000 f., dont le

quart audit achat pour Debrie, est de. . | 17000

——————— *Du 12 avril 1815.* ———————

F°. 3 | DOIT, *Lemoine*, fr. 17,000, pour son quart
à l'achat ci-dessus, dont je suis directeur. | 17000

——————— *Dito.* ———————

3 | DOIT, *Perrier*, fr. 17 000, pour son quart
à l'achat ci-dessus. . . . . | 17000

——————— *Du 14 dito.* ———————

3 | AVOIR, *Debrie*, fr. 17,000, reçu dudit en
espèces pour son quart à l'achat de 1000
souverains et de 1500 guinées. . . . . . . | 17000

——————— *Dito.* ———————

3 | AVOIR, *Lemoine*, fr. 17,000, reçu dudit en
espèces pour son quart à l'achat ci-dessus,
dont je suis directeur. . . . . | 17000

——————— *Dito.* ———————

3 | AVOIR, *Perrier*, fr. 17,000, reçu dudit en
espèces pour son quart à l'achat ci-dessus. | 17000

——————— *Du 16 dito.* ———————

3 | AVOIR, *Debrie* fr. 18,375, vendu comptant
de compte à quart avec Debrie, Lemoine
et Perrier,
1000 souverains, à 36 fr. 36,000 fr.
1500 guinées à 25 fr. . . 37,500

                                    73,500 f., dont le

quart pour Debrie est de. . . . . | 18375

Fol. 8.

——— Du 16 avril 1815. ———

F°.5   Avoir, *Lemoine*, fr. 18,375, pour son quart à la vente de 1000 souverains et de 1500 guinées.   18375

——————— Dito. ———————

3   Avoir, *Perrier*, fr. 18,375, pour son quart à la vente ci-dessus, dont je suis directeur.   18375

——————— Du 19 dito. ———————

5   Doit, *Debrie*, fr. 18,375, compté audit en espèces pour son quart au net provenu de 1000 souverains et de 1500 guinées. . . .   18375

——————— Dito. ———————

3   Doit, *Lemoine*, fr. 18,375, compté audit en espèces pour son quart comme ci-dessus.   18375

——————— Dito. ———————

3   Doit, *Perrier*, fr. 18,375, compté audit en espèces pour son quart comme ci-dessus.   18375

——————— Du 26 mai 1815. ———————

3   Doit, *Duperron de Bordeaux*, fr. 30,000, ledit a vendu pour mon compte 50 ton-neaux de vin dont le net produit monte, suivant son compte de vente, à.   30000

——————— Du 1.er juin. ———————

3   Avoir, *Tollard de Marseille*, fr. 15,680, vendu comptant pour compte dudit, 10 barriques, café, pesant net 8000 liv. à 2 fr. la livre, faisant 16,000 fr., et la commis-sion déduite à 2 pour °/°.   15680

——————— Du 6 dito. ———————

4   Doit, *Roger de Bordeaux*, fr. 16,320, j'ai acheté comptant pour compte dudit, 10

Fol. 9.

barriques sucre, pesant net 8000 liv. à 2 fr. la livre, faisant 16,000 fr.; plus, 320 fr. pour la commission à 2 pour $\frac{0}{0}$.	16320

———— *Du* 11 *Juin* 1815. ————

F°. 4 | AVOIR, *Fortin de Bordeaux*, fr. 80,000, ledit a expédié pour mon compte, le navire le Hope, capitaine Lapipe, en destination pour Amsterdam, à l'adresse et consignation de Heibert, chargé de vins, eau-de-vie, etc., dont la cargaison monte, suivant compte d'armement, à. . . . . | 80000

———— *Du* 18 *dito*. ————

4 | DOIT, *Fortin de Bordeaux*, fr. 40,000, ledit s'est prévalu pour mon compte sur Heibert d'Amsterdam de 18,000 florins courans, à trois usances, dont le net produit monte, suivant note de négociation à. . . . . . . | 40000

———— *Dito*. ————

4 | AVOIR, *Heibert d'Amsterdam*, fr. 40,000, pour la traite de Fortin de Bordeaux, sur ledit créditeur pour mon compte, montant à 18,000 florins courans, à trois usances, dont le net produit monte, suivant note de négociation, à. . . . . | 40000

———— *Du* 20 *dito*. ————

4 | DOIT, *Fortin de Bordeaux*, fr. 35,000, pour ma remise audit en traites, comme suit, prises au pair, savoir :

Traite de Durand sur Cordier, à mon ordre, à 15 jours de date. . 15,000 f.

Dito de Favret, sur Thouret, à mon ordre, à 15 jours de date. . . 20,000 | 35000

Fol. 10.

———————— *Du 29 juin* 1815. ————————

F°. 4 | Avoir, *Heibert d'Amsterdam*, fr. 40,000, j'ai négocié 18.000 florins en mes traites sur ledit créditeur, à un mois, ordre de Duflot, au change de 54 deniers de gros pour trois francs, dont le net produit s'élève à . . . . | 40000

———————— *Du 10 juillet.* ————————

4 | Avoir, *Delaunay de Bordeaux*, fr. 13000, reçu en espèces de Buzanval, pour compte dudit . . . . | 13000

———————— *Du 20 dito.* ————————

4 | Doit, *Heibert d'Amsterdam*, fr. 100,000, ledit a vendu pour mon compte, la cargaison du navire le Hope, capitaine Lapipe, dont le net produit monte suivant compte de vente, à 45,000 florins courans, le change à 54 deniers de gros pour 3 fr. | 100000

———————— *Du 26 dito.* ————————

4 | Doit, *Delaunay de Bordeaux*, fr. 13 000, ledit s'est prévalu pour mon compte sur Heibert d'Amsterdam, de 6000 florins courans, dont le net produit s'élève, suivant note de négociation, à . . . . | 13000

———————— *Dito.* ————————

4 | Avoir, *Heibert d'Amsterdam*, fr. 13,000, pour la traite de Delaunay de Bordeaux sur ledit créditeur, montant à 6000 florins courans, dont le net produit s'élève, suivant note de négociation, à. . . . . | 13000

Fol. 11.

——————— *Du 30 juillet* 1815. ———————

F°. 4 | Avoir, *Delaunay de Bordeaux*, fr. 6,500, pour le montant de ma traite sur ledit, ordre de Pinson, à 15 jours de date. . . | 6500

——————— *Du 12 août.* ———————

3 | Doit, *Perrier*, fr. 16,000, acheté comptant de compte à demi avec ledit, 20 barriques café, pesant net 16,000 liv. à 2 fr. la livre, faisant 32,000 fr., pour la moitié dudit achat, dont je suis directeur. . . . . . . | 16000

——————— *Du 24 dito.* ———————

3 | Doit, *Perrier*, fr. 20,000, ledit a vendu comptant de compte à demi avec moi 20 barriques café, pesant net 16,000 liv. à 2 fr. 50 cent., faisant 40,000 fr., ma moitié à ladite vente, dont il a été directeur, est de. . . . . | 20000

——————— *Du 28 dito.* ———————

4 | Avoir, *Auger*, fr. 12,000, pour ma moitié d'un achat fait par ledit au comptant et de compte à demi avec moi, de 1000 guinées à 24 fr., montant à 24,000 f. . . . . . . | 12000

——————— *Du 15 septembre.* ———————

4 | Doit, *Auger*, fr. 12,500, pour ma moitié de la vente au comptant faite par ledit, et de compte à demi avec moi, de 1000 guinées à 24 fr. 50 c., montant à 25,000 f. . . | 12500

Fol. 12.

Fᵒ. 5 ——— *Du 1.ᵉʳ octobre 1815.* ———

BALANCE DE SORTIE a DIVERS, fr.
90,720, pour les Débiteurs ci-après, que
je porte ici Créanciers, pour solder et balancer leurs comptes, et que je débiterai
à nouveau en Balance d'entrée, savoir :

		fr.
1	A LEBLANC.	200
1	A GODSON.	1,800
1	A FOURNIER	400
1	A ERNEST	4,000
2	A LEBLOND.	7,400
2	A COULON.	5,600
2	A DURAND.	8,500
3	A DUPERRON. . . .	5000
3	A PERRIER.	36,000
4	A ROGER.	16,320
4	A HEIBERT.	7,000
4	A AUGER.	500

——— *Du 1.ᵉʳ dito.* ———   90720

5 DIVERS a BALANCE DE SORTIE, fr.
59,780, pour les Créanciers ci-après, que
je porte ici Débiteurs, pour solder et balancer leurs comptes, et que je créditerai
à nouveau en Balance d'entrée, savoir :

		fr.
1	FROGER.	300
1	SOLLET.	600
1	HACOT.	4,800
1	STOR	1,600
2	GERMAIN.	10,100
	Porté ci-contre. . .	16,600

Fol. 13.

		fr.	
	Transport de l'autre part.	16,600	
N°. 2	DESPREZ.	15,500	
3	DEBRIE	500	
5	TOLLARD	15,680	
4	FORTIN.	5,000	
4	DELAUNAY.	6,500	59780

———— *Du 1.er octobre.* ————

5 | DIVERS a BALANCE D'ENTRÉE, fr. 90,720, pour les Débiteurs ci-après, que j'avois portés ci-dessus Créanciers, pour solder leurs comptes, et que je débite à nouveau, savoir :

		fr.	
1	LEBLANC. . . , . .	200	
1	GODSON.	1,800	
1	FOURNIER.	400	
1	ERNEST.	4,000	
2	LEBLOND..	7,400	
2	COULON.	3,600	
2	DURAND.	8,500	
3	DUPERRON.	5,000	
3	PERRIER. . . . - .	36,000	
4	ROGER.	16,320	
4	HEIBERT.	7000	
4	AUGER.	500	90720

———— *Du 1.er dito.* ————

5 | BALANCE D'ENTRÉE a DIVERS, fr. 59,780, pour les Créanciers ci-après, que j'avois portés ci-dessus Débiteurs pour

Fol. 14.

solder leurs comptes, et que je crédite à nouveau, savoir:

		fr.
F°. 1	A FROGER.	300
1	A SOLLET	600
1	A HACOT.	4000
1	A STOR.	1600
2	A GERMAIN.	10,100
2	A DESPREZ.	15,500
3	A DEBRIE.	500
3	A TOLLARD.	15,680
4	A FORTIN	5000
4	A DELAUNAY.	6500
		59780

Observation sur le Journal à partie simple.

En comparant ce Journal avec le Mémorial ou Brouillard, on trouvera des articles de ce dernier, dont on n'a point passé écriture au Journal à partie simple, parce qu'il n'y avoit aucun Débiteur, aucun Créancier, et que, suivant cette méthode, on ne parle que des personnes. Ces sortes d'articles, qui n'offrent ni débit, ni crédit, au Journal à partie simple, et dont les opérations sont décrites au Brouillard, ont dû être rapportés aux Livres auxiliaires qui les concernent, soit à ceux de caisse, des achats, ou des ventes, ceux des effets à payer, des effets à recevoir, ou enfin au Livre des profits et pertes, etc. Ces sortes de registres doivent suppléer à ce qui manque à la Tenue des Livres à partie simple. Ces mêmes Livres auxiliaires servent encore au moment où l'on veut faire sa Balance suivant cette Méthode, pour établir son actif et son passif, et connoître l'état de ses profits et pertes, comme je l'ai démontré pages 6, 9 et 10.

RÉPERTOIRE, GRAND-LIVRE A.

A

Auger.............. f°. 4

B

Balance de sortie....... 5
Balance d'entrée........ 5
Bovard de Marseille...... 2

C

Coulon................. 2

D

Debrie................. 3
Delaunay............... 4
Déprez................. 2
Duperron.............. 3
Durand................ 2

E

Ernest................. 1

F

Fortin................. 4
Froger................. 1
Fournier............... 1

G

Germain................ 2
Godson................. 1

H

Hacot.................. 1
Heibert................ 4

J

Jourdan 2

L

Laurin................. 2
Leblanc................ 1
Leblond................ 2
Lemoine................ 5

P

Perrier................ 3

R

Roger.................. 4

S

Sollet................. 1
Stor................... 1

T

Tollard................ 3

Fol. 1.

——— AN 1815. ———

1815.		Doɪᴛ,	STOR.		
Octob.	1	Pour solde et Balance, porté à s. crédit c. nouveau .		12	1600

		Doɪᴛ,	GODSON.		
Janvier	8	Vendu audit à 5 mois 10 barriques vin Mâcon à 180 fr.		1	1800

		Doɪᴛ,	SOLLET.		
Octob.	1	Pour solde et Balance, porté à s. crédit, c. nouveau. .		12	600

		Doɪᴛ,	FROGER.		
Octob.	1	Pour solde et Balance, porté à s. crédit, c. nouveau.		12	300

		Doɪᴛ,	LEBLANC.		
Janvier	14	Compté audit en espèces valeur en compte.		1	200

		Doɪᴛ,	FOURNIER.		
Janvier	16	Compté à Tourlet en espèces, pour compte dudit. .		1	400

		Doɪᴛ,	HACOT.		
Janvier	17	Ernest de Bordeaux a compté audit pour mon compte.		1	8000
Octob.	1	Pour Balance et solde, porté à s. crédit, c. nouveau.		12	4000
					12000

		Doɪᴛ,	ERNEST.		
Janvier	19	Bovard de Marseille a compté audit pour mon compte.		2	12000
					12000

Fol. 1.

———— AN 1816. ————

1815.				
		AVOIR.		
Janvier	3	Acheté dudit à trois mois 10 barriq. vin Mâcon à 160 f.	1	1600
		AVOIR.		
Octob.	1	Pour solde et Balance, porté à s. débit, c. nouveau. .	12	1800
		AVOIR.		
Janvier	10	Reçu dudit en espèces, valeur en compte.	1	600
		AVOIR.		
Janvier	12	Reçu en espèces de Jolly, pour compte dudit.	1	300
		AVOIR.		
Octob.	1	Pour solde et Balance, porté à s. débit, c. nouveau..	12	200
		AVOIR.		
Octob.	1	Pour solde et Balance, porté à s. débit, c. nouveau. .	12	400
DE LYON.		AVOIR.		
Janvier	18	Ledit a compté à Bovard de Marseille.	2	12000
				12000
DE BORDEAUX.		AVOIR.		
Janvier	17	Ledit a compté à Hacot-de Lyon, pour mon compte. .	2	8000
Octob.	1	Pour solde et Balance, porté à s. débit, c. nouveau..	12	4000
				12000

Fol. 2.

1815.	Doit,	BOVARD	2	12000
Janvier 18	Ledit a reçu de Hacot de Lyon pour mon compte.			
	Doit,	LAURIN	3	6000
Février 2	Acq. sa traite, à l'ord. de Ricard, sur moi, du 1er passé.			
	Doit;	JOURDAN	4	5000
Février 2	Compté en esp. pour acq. de la traite de Laurin sur moi.			
	Doit,	LEBLOND	3	7400
Janvier 24	Pour ma rem. aud. en tr. de Chauvin, à m. o. sur Dubray.			
	Doit,	COULON	3	3600
Janvier 25	Pour ma remise à Jourdan de Lyon pour compte dudit.			
	Doit,	GERMAIN DE	12	10100
Octob. 1	Pour solde et Balance, porté à s. crédit, c. nouveau.			10100
	Doit,	DÉPREZ	13	15500
Octob. 1	Pour solde et Balance, porté à s. crédit, c. nouveau.			
	Doit,	DURAND	4	8500
Mars. 5	Ledit a négocié 4000 m. pour mon compte, le prod. s'él. à.			

Fol. 2.

1815.		DE MARSEILLE.	Avoir.		
Janvier	19	Ledit a compté à Ernest de Bordeaux p. mon compte.		2	12000

		DE ROUEN.	Avoir.		
Janvier	20	Pour ma traite sur ledit, à l'ord. de Jouy, du 20 courant.		2	6000

		DE LYON.	Avoir.		
Janvier	21	Pour ma traite sur Laurin, pour compte dudit, o. Jouy.		2	5000

		DE MARSEILLE.	Avoir.		
Octob.	1	Pour solde et Balance, porté à son débit, c. nouveau.		12	7400

		DE BORDEAUX.	Avoir.		
Octob.	1	Pour solde et Balance, porté à son débit, c. nouveau.		12	3600

		BAYONNE.	Avoir.		
Janvier	26	Pour sa remise en traite de Guibert sur Girardin, à s. o.		3	4500
	27	Pour la remise de Gaudry, pour compte dudit. . .		3	5600
					10100

			Avoir.		
Février	12	Pour la moitié payab. à 5 mois, de 20 barriq. café et sucre.		4	15500

		DE BAYONNE.	Avoir.		
Octob.	1	Pour solde et Balance porté à s. débit, c. nouveau.		12	8500

Fol. 3.

1815.		Doit,	DUPERRON		
Mai.	26	P. n. prod. de 50 ton. de vin qu'il a vendu p. mon compte.		8	30000
					30000

		Doit,	DEBRIE.		
Mars.	28	Acheté compt. de compte à 1/2 avec led., 1000 piastres.		5	26250
Avril.	1	Ach. compt. de compte à 1/2 avec led., 1000 souv. à 34 f.		5	17000
	5	Ach. de compte à 1/3 avec led. et Lemoine, 2000 ducats.		5	8000
	11	Compté aud. en esp. pour s. tiers au net prov. de 2000 d.		6	10000
	12	Pour son quart à l'ach. compt. de 1000 souv. et 1500 g.		6	17000
	19	Compté aud. p. son 1/4 au n. prov. de 1000 s. et 1500 g.		8	18375
Octob.	1	Pour solde et Balance, porté à s. crédit, c. nouveau. .		13	500
					97125

		Doit,	LEMOINE.		
Avril.	5	Pour son tiers à l'ach. de 2000 ducats de Hollande à 12 f.		5	8000
	11	Compté audit en esp. p. s. tiers au net prov. de 2000 d.		6	10000
	12	Pour s. 1/4 à l'ach. comptant de 1000 souv. et 1500 guin.		7	17000
	19	Compté aud. pour s. q. au n. prov. de 1000 s. et 1500 g.		8	18375
					53375

		Doit,	PERRIER.		
Avril.	12	Pour son quart à l'achat de 1000 souv. et de 1500 guin.		7	17000
	19	Compté aud. en esp. p. s. 1/4 au n. pr. de 1000 s. et 1500 g.		8	18375
Août.	12	Pour sa 1/2 à l'ach. de 20 barriq. café pes. 16000 liv. à 2 f.		11	16000
	24	P. ma 1/2 à la vente que ledit a faite de 20 barriq. café.		11	20000
					71375

		Doit,	TOLLARD DE		
Octob.	1	Pour solde et Balance, porté à son crédit, c. nouveau.		13	15680

Fol. 3.

1815.		DE BORDEAUX.	AVOIR.		
Mars.	20	Ledit a acheté pour mon compte 5o tonneaux de vin.	4	25000
Octob.	1	Pour solde et Balance, porté à son débit, c. nouveau.	12	5ooo
				3oooo

			AVOIR.		
Mars.	3o	Vendu comptant de compte à 1/2 avec ledit, 10000 piast.	5	26500
Avril.	3	Vendu comptant de compte à 1/2 avec ledit, 1000 souv.	5	17250
	8	Reçu dudit en esp. pour s. tiers à l'achat de 2000 ducats.	6	8000
	1o	Pour son tiers à la vente comptant de 2000 ducats à 15 f.	6	10000
	14	Reçu dud. en esp. p. s. 1/4 à l'ach. de 1000 s. et 1500 guin.	7	17000
	16	P. s. 1/4 à la vente de 1000 souverains et de 1500 guin.	7	18375
				97125

			AVOIR.		
Avril.	8	Reçu dud. en esp. pour son tiers à l'achat de 2000 ducats.	6	8000
	1o	Pour son tiers à la vente comptant de 2000 ducats à 15 f.	6	10000
	14	Reçu dud. en esp. p. s. 1/4 à l'achat de 1000 s. et 1500 g.	7	17000
	16	Pour son 1/4 à la vente de 1000 souv. et de 1500 guin.	7	18375
				5337,5

			AVOIR.		
Avril.	14	Reçu dud. en esp. p. s. 1/4 à l'achat de 1000 s. et 1500 g.	7	17000
	16	Pour son quart à la vente de 1000 souv. et 1500 guinées.	8	18375
Octob.	1	Pour solde et Balance porté à son débit, c. nouveau.	12	36000
				7135

		MARSEILLE.	AVOIR.		
Juin.	1	Vendu comptant pour compte dudit, 10 barriques café.	8	1568o

3

34

GRAND LIVRE A,

Fol. 4.

1815.			Doit,	ROGER		
Juin.	6		Acheté comptant pour compte dudit, 10 barriq. sucre.		8	16320

			Doit,	FORTIN		
Juin.	18		Pour sa traite sur Heibert, p. m. c. dont le n. prod. monte.		9	40000
	20		P. ma rem. aud. en 2 tr., une de 15,000, l'autre de 20,000.		9	35000
Octob.	1		Pour solde et balance, porté à son crédit, c. nouveau.		13	5000
						80000

			Doit,	HEIBERT		
Juillet.	20		P. le n. prod. de la cargais. du nav. le Hope, qu'il a vendu.		10	100000
						100000

			Doit,	DELAUNAY		
Juillet.	26		Pour sa tr. p. m. c. sur Heibert, montant à 6000 florins.		10	13000
Octob.	1		Pour solde et balance, porté à s. crédit, c. nouveau.		13	6500
						19500

			Doit,	AUGER.		
Sept.	15		P. ma 1/2 à la vente qu'il a faite de 1000 guinées à 24 f. 50 c.		11	12500
						12500

Fol. 4.

1815.		DE BORDEAUX.	AVOIR.		
Octob.	1	Pour solde et Balance porté à son débit, c. nouveau.		12	16320

		DE BORDEAUX.	AVOIR.		
Juin.	11	Led. a expédié p. m. c. le navire le Hope, d. la carg. m. à.		9	80000
					80000

		D'AMSTERDAM.	AVOIR.		
Juin.	18	P. la tr. de Fortin sur led. p. m. c. dont le n. prod. est de.		9	40000
	29	P. net prod. de mes tr. sur led. montant à 18000 fl. à 54.		10	40000
Juillet.	26	P. la tr. de Delaunay, sur led. de 6000 fl. dont le n. prod.		10	13000
Octob.	1	Pour solde et balance, porté à son débit c. nouveau.		12	7000
					100000

		DE BORDEAUX.	AVOIR.		
Juillet.	10	Reçu en espèces de Buzanval pour compte dudit.		10	13000
	30	Pour ma traite sur led., ordre de Pinson, à 15 j. de date.		11	6500
					19500

			AVOIR.		
Août.	28	Pour m. 1/2 à l'achat de 1000 guin. à 24 fr. qu'il a dirigé.		11	12000
Octob.	1	Pour solde et balance, porté à son débit c. nouveau.		12	500
					12500

Fol. 5.

———— AN 1815. ————

Doit,   BALANCE

Pour les Débiteurs ci-après que je porte Créanciers, pour solder et balancer leurs comptes, savoir:

Octob.	1	A LEBLANC	12	200
		A GODSON	12	1800
		A FOURNIER	12	400
		A ERNEST	12	4000
		A LEBLOND	12	7400
		A COULON	12	3600
		A DURAND	12	8500
		A DUPERRON	12	5000
		A PERRIER	12	36000
		A ROGER	12	16320
		A HEIBERT	12	7000
		A AUGER	12	500
				90720

Doit,   BALANCE

Pour les Créanciers ci-après que j'avois portés Débiteurs pour solder leurs comptes, savoir:

Octob.	1	A FROGER	14	300
		A SOLLET	14	600
		A HACOT	14	4000
		A STOR	14	1600
		A GERMAIN	14	10100
		A DESPREZ	14	15500
		A DEBRIE	14	500
		A TOLLARD	14	15680
		A FORTIN	14	5000
		A DELAUNAY	14	6500
				59780

Fol. 5.

——————— AN 1815. ———————

DE SORTIE.   AVOIR.

Pour les Créanciers ci-après, que je porte Débiteurs
pour solder et balancer leurs comptes, savoir :

Octob.	1	Par FROGER.	12	300
		Par SOLLET	12	600
		Par HACOT.	12	4000
		Par STOR..	12	1600
		Par GERMAIN	12	10100
		Par DESPREZ..	13	15500
		Par DEBRIE	13	500
		Par TOLLARD	13	15680
		Par FORTIN	13	5000
		Par DELAUNAY	13	6500

	59780

D'ENTRÉE.   AVOIR.

Pour les Débiteurs ci-après que j'avois porté Créanciers pour solder leurs comptes, savoir :

Octob.	1	Par LEBLANC..	13	200
		Par GODSON.	13	1800
		Par FOURNIER.	13	400
		Par ERNEST.	13	4000
		Par LEBLOND..	13	7400
		Par COULON.	13	3600
		Par DURAND.	13	8500
		Par DUPERRON	13	5000
		Par PERRIER.	13	36000
		Par ROGER	15	16320
		Par HEIBERT.	13	7000
		Par AUGER..	13	500

	90720

ÉLÉMENS

DE LA TENUE DES LIVRES

EN PARTIES DOUBLES.

ÉLÉMENS

DE LA TENUE DES LIVRES

EN PARTIES DOUBLES.

——————

Les Négocians, les Marchands et les Banquiers ayant besoin de présenter leurs affaires avec le plus grand ordre, pratiquent la tenue des Livres dont l'objet est de former des comptes, afin d'en connaître en tout temps la situation, et conséquemment la leur. Ces comptes ont pour principe la charge et la décharge des sujets pour lesquels ils ont été établis.

Tous les comptes dont on se sert, se forment pour trois sujets principaux, qui sont 1.º le Chef ou le Négociant lui-même ; 2.º les effets en nature ; 3.º les Correspondans ou les personnes avec qui l'on est en relations d'affaires.

Ces comptes se réduisent en trois classes ; la première est composée des comptes du chef ; ils n'expriment, par leurs titres, aucun effet ni aucune personne, et sont : capital, profits et pertes, dépenses, provisions, assurances.

La seconde classe renferme les comptes des effets réels ou effectifs qui sont de quatre sortes ;
1.° Argent comptant ou Caisse ; 2.° Marchandises
qui se divisent en Marchandises, entre nos mains,
pour notre compte ; Marchandises entre les mains
d'un autre, pour notre compte ; Marchandises
entre nos mains, pour compte d'un autre ; Marchandises en société avec un ou plusieurs autres
Négocians ; 3.° Effets en papier, Lettres et Billets
de change, Promesses, Obligations, etc. ; enfin,
tous Effets à recevoir, Contrats de rente, Argent
donné à la grosse, Traites et remises, Lettres et
Billets à payer ; 4.° Effets particuliers comme vaisseaux, maisons et terres, meubles, intérêts dans
les compagnies, foires ou paiemens.

La troisième classe de comptes comprend ceux
des correspondans ou des personnes avec qui l'on
négocie ; on peut leur donner des comptes de plusieurs sortes selon les affaires, et ils peuvent être
réduits aux suivans : un compte commun pour les
affaires réciproques ; un compte courant pour leurs
affaires particulières ; un compte courant pour nos
affaires particulières ; un compte des affaires en société ; un compte de divers menus débiteurs ; un
compte de divers menus créanciers.

Les comptes s'appliquent ordinairement à trois
sortes d'affaires : 1.° à la Banque ; 2.° aux Marchandises ; 3.° aux Finances. Chacune de ces affaires
peut être faite en trois manières : 1.° pour soi-même

ou en particulier; 2.° pour compte d'autrui ou en commission; 3.° en compagnie ou en société.

On distingue trois sortes d'actions : 1.° recevoir; 2.° fournir; 3.° changer.

Il y a trois sortes de négociations : 1.° acheter; 2.° vendre; 3.° échanger ou troquer. On emploie trois sortes d'effets pour les négociations, 1.° de l'Argent comptant; 2.° des Marchandises; 3.° des Lettres de change, Billets ou Promesses. Les Négociations se font de trois manières : 1.° au comptant; 2.° à terme; 3.° en échange ou troc.

On établit des comptes pour trois sortes de sujets; pour le Chef, pour les Correspondans et pour les Effets en nature; on en tire trois avantages : 1.° de connaître nos Débiteurs, pour leur faire payer dans le temps de l'échéance les articles qu'ils doivent; 2.° nos Créanciers, pour les payer dans le temps de l'échéance des articles qui leur sont dus; 3.° les Effets qui sont entrés et sortis, ceux qui restent en nature, et le profit et la perte que l'on a faits.

On considère trois choses dans chaque compte, 1.° le sujet pour lequel on l'a ouvert; 2.° le *débit*, c'est-à-dire ce qu'on lui a donné ou ce qu'on a payé sur ce qu'il a fourni; 3.° le *crédit*, c'est-à-dire ce qu'on a reçu, ou bien ce qu'il a payé sur ce qu'il devoit. Les comptes peuvent finir de trois manières; 1.° avec profit; 2.° avec perte; 3.° sans profit ni perte; ou si le sujet auquel le compte a été ouvert, a reçu plus qu'il n'a donné, il redoit l'excédant; si au contraire il a donné plus qu'il n'a reçu, on lui doit l'excédant.

Chaque article de la partie double indique un Débiteur et un Créditeur, et présente en même temps la cause et l'effet; d'où nous tirons le principe général : *le compte qui reçoit doit à celui qui donne;* ce qui s'applique aux personnes ou aux choses. On peut encore dire que celui qui doit, reçoit, ou a reçu, est Débiteur; on en porte le montant à la charge de son compte; celui à qui il est dû, qui paie ou a payé, est Créancier; on en porte le montant à la décharge de son compte. Pour les comptes des effets en nature, on débite le compte de l'objet que l'on reçoit ou ce qui entre; et on crédite le compte ouvert à l'effet que l'on donne ou ce qui sort; ce principe sert à faire connoître l'entrée et la sortie de tous les effets en nature.

Nous allons présenter, dans un Brouillard, diverses propositions ou questions qui serviront de démonstration et de développement au principe général que nous venons d'établir. Nous mettrons un numéro à chaque article du Brouillard, il sera le même au Journal, afin que l'on puisse s'exercer et apprendre seul, la manière de bien passer les articles du Brouillard au Journal, en consultant, au même numéro, la Méthode théorique et pratique qui se trouve après le Grand-Livre.

BROUILLARD,

COMMENCÉ A PARIS, LE 1ᵉʳ JANVIER 1815.

Fol. 1.

(1) INVENTAIRE général de tous mes Effets, savoir : *Actif*, consistant en Argent comptant, Lettres et Billets à recevoir, Marchandises, suivant la reconnoissance que j'en ai fait ce jour, savoir :

Argent comptant.

Pour autant que j'ai en espèces, suivant le Bordereau de Caisse de ce jour, montant à. . . . .

fr.
180000

Lettres et Billets à recevoir.

Pour les Lettres et Billets de Change en portefeuille, savoir :

Une remise de Laroque, de Bordeaux, en Traite de Morin sur Leroux, à mon ordre, du 20 passé, au premier prochain, de. 4600

Dito de Besson, de Lyon, en Traite de Raoul, à son ordre, sur Berteaux, du 20 passé, au 1ᵉʳ prochain, de. . . . 6800 | 11400

Marchandises générales ; pour celles en magasin ; savoir :

40 pièces Mouchoirs des Indes, reve-

Transporté ci-contre. 191400

Transport de l'actif d'autre part. .		191400
Fol. 2.		
nant, suivant le Livre de Factures, f.º 5, à.	2800	
12 pièces drap de Hollande, revenant à.	9600	fr. 12400
Le total de l'actif s'élève à		20380o
Passif, Lettres et Billets à payer, savoir : mon Acceptation, ordre de Durieu ; Traite de Jobert, du 30 passé, à un mois, de.	2000	
Idem de Bastil, de Cadix, ordre de Pillette, du 30 passé, à un mois . . .	3600	5600
Le capital net est de.		198200

——————— *Du* 1.ᵉʳ *janvier.* ———————

(2) Acheté comptant de Belmont, 10 barriques de sucre, pesant net 15000 liv. à 150 fr. le %.	22500

——————— *Du* 5 *dito* ———————

(3) Acheté à trois mois de Stor, 10 barriques de vin Mâcon, 1.ʳᵉ qualité, à 160 fr. la barrique.	1600

——————— *Du* 6 *dito.* ———————

(4) Vendu comptant, à Lemoine, 10 barriques de sucre, pesant net 15000 liv. à 160 fr. le %.	24000

——————— *Du* 8 *dito.* ———————

(5) Vendu, à trois mois, à Godson, 10 barriques de vin de Mâcon, 1.ʳᵉ qualité, à 180 fr. la barrique.	1800

Fol. 3.

——— *Du* 10 *Janvier* 1815. ———

                           fr.

(6) Reçu en espèces de Sollet.   600

——————— *Du* 12 *dito.* ———

(7) Reçu, en espèces, de Jolly, pour
compte de Froger, de Rouen.   300

——————— *Du* 14 *dito.* ———

(8) Compté à Leblanc, pour solde. . . .   200

——————— *Du* 16 *dito.* ———

(9) Compté à Tourlet, pour compte de
Fournier.   400

——————— *Du* 17 *dito.* ———

(10) Ernest, de Bordeaux, a compté pour
m. c. à Hacot de Lyon.   8000

——————— *Du* 18 *dito.* ———

(11) Hacot, de Lyon, a payé pour m. c. à
Bovard de Marseille.   12000

——————— *Du* 19 *dito.* ———

(12) Bovard, de Marseille, a payé pour
m. c. à Ernest de Bordeaux.   12000

——————— *Du* 20 *dito.* ———

(13) J'ai tiré sur Laurin, de Rouen, à
l'ordre de Jouy, du 20 courant, à 3 usances,
et j'ai négocié ladite Traite au pair. . . .   6000

——————— *Du* 21 *dito.* ———

(14) J'ai tiré sur Laurin, de Rouen, pour
compte de Jourdan de Lyon, à l'ordre de
Jouy, du 21 courant, à 3 usances, et j'ai négocié ladite Traite, au pair.   5000

Fol. 4.

——————— *Du 22 janvier.* ———————

(15) J'ai accepté une Traite de Laurin, de Rouen, à l'ordre de Ricard, sur moi, du 1.er passé, à 30 jours de date. . . . . . | 6000

——————— *Du 23 dito.* ———————

(16) J'ai accepté une Traite de Laurin, de Rouen, à l'ordre de Gobert, sur moi, pour compte de Jourdan, de Lyon, du 1.er passé, à 30 jours de date. . . . . | 5000

——————— *Du 24 dito.* ———————

(17) Remis à Leblond de Marseille 7400 fr. en Traite de Chauvin, à mon ordre, sur Dubray, de ce jour, à 15 jours de date, et j'ai acheté ladite Traite au pair. . . . . . . | 7400

——————— *Du 25 dito.* ———————

(18) Remis à Jourdan, de Lyon, 3600 fr. en Traite de Poujin, pour compte de Coulon de Bordeaux, sur Roblot de Lyon, de ce jour, à 15 jours de date, à mon ordre, et j'ai acheté ladite Traite au pair. . . . . | 3600

——————— *Du 26 dito.* ———————

(19) J'ai reçu une remise de Germain, de Bayonne, en Traite de Guibert, sur Girardin, à son ordre, du 20 courant, à 10 jours de date. . . . . | 4500

——————— *Du 27 dito.* ———————

(20) J'ai reçu une Remise de Gaudry de Bordeaux, pour compte de Germain de Bayonne, en Traite de Gardera, de Bordeaux, à son

Fol. 5.

fr.

ordre, sur Couton, du 15 courant, à 15 jours
de date. 5600

——————— *Du 28 janvier* 1815. ———————

(21) J'ai acheté de Gauthier, moitié comptant, moitié en mon effet à usance, 20 barriques café, pesant net 16,000 liv., à 1 fr. 50 c. 24000

——————— *Du* 29 *dito.* ———————

(22) J'ai vendu à Degosse, payable un tiers
au comptant et les deux tiers en son effet à
usance, 20 barriques café, pesant net 16,000 l.
à 2 fr. 25 cent. la livre 36000

——————— *Du* 30 *dito.* ———————

(23) Vendu comptant à Rouvierre, 12 pièces
draps de Hollande. 11400

——————— *Du* 2 *février.* ———————

(24) Encaissé une Remise de Laroque, de
Bordeaux, en traite de Morin, sur le Roux,
à mon ordre, du 20 décembre, échue le 1.er
courant 4600

——————— *Dito.* ———————

(25) Acquitté les effets ci-après, savoir :

Une traite de Jobert, ordre de Du-
rieux, du 30 décembre, à un mois. . . 2000
Dito de Bastil, de Cadix, ordre de
Pillette, du 30 décembre, à un mois. . 3600
5600

——————— *Dito.* ———————

(26) Encaissé une Remise de Besson, de
Lyon, en traite de Raoul, à son ordre, sur Bertaux, du 20 décembre, échue le 1.er courant . 6800

Fol. 6.

──────── *Du 2 février* 1815. ────────

(27) J'ai acquitté la traite de Laurin, de Rouen, à l'ordre de Ricard, sur moi, du 1.er passé, à 30 jours de date. . . . . . . | 6000

──────── *Du 2 dito.* ────────

(28) J'ai acquitté la traite de Laurin, de Rouen. sur moi, pour compte de Jourdan, de de Lyon, à l'ordre de Guibert, du 1.er passé, à 30 jours de date. . . . . | 5000

──────── *Dito.* ────────

(29) Encaissé une remise de Germain, de Bayonne, en traite de Guibert, sur Girardin, à son ordre, du 20 passé, à 10 jours de date. . | 4500

──────── *Dito.* ────────

(30) Encaissé une remise de Gaudry, de Bordeaux, pour compte de Germain, de Bayonne, en traite de Gardera, de Bordeaux, à son ordre, sur Couton, du 15 passé, à 15 jours de date. . . . . | 5600

──────── *Du 4 dito.* ────────

(31) Acheté comptant de Gosselin, les Marchandises suivantes, savoir:

50 pièces de vin de Bourgogne, à 200 f. la pièce. 10000

12 Balles laine, Vigogne, pesant net 4800 liv. à 5 fr. 24000

10 Barriques sucre, pesant net 10000 l. à 150 fr. le %. 15000

────── | 49000

Fol. 7.

fr.

——————— *Du* 10 *février* 1815. ———————

(32) Vendu comptant à Ravenat, les
Marchandises suivantes, savoir :

50 Pièces de vin de Bourgogne, à
210 fr. la pièce. 10500

12 Balles laine, Vigogne, pesant net
4800 liv. à 5 fr. 50 cent. la livre. . . 26400

10 Barriques sucre, pesant 10,000 liv.
à 160 fr. le $\frac{0}{0}$. 16000

——————— 52900

——————— *Du* 12 *dito.* ———————

(33) Acheté moitié comptant, moitié
à trois mois, de Déprez, les Marchandises suivantes :

10 Barriques café, pesant net 8000 liv.
à 2 fr. la livre. 16000

10 Barriques sucre, pesant net 10 milliers à 1 fr. 50 cent. la livre. 15000

——————— 31000

——————— *Du* 14 *dito.* ———————

(34) Escompté un effet de 10,000 fr. par
Desforges, ordre de Bocage, du 1.er courant,
à 2 mois, à 2 pour $\frac{0}{0}$ perte. 9800

——————— *Du* 15 *dito.* ———————

(35) Négocié un effet de 10,000 fr. par
Desforges, ordre de Bocage, du 1.er courant,
à 2 mois, à 2 pour $\frac{0}{0}$ perte. 9800

——————— *Du* 17 *dito.* ———————

(36) Reçu de Breton, pour prime d'assurance, au montant de 20,000 fr. de Marchandises, chargées sur le navire *la Julie*, en destination pour Hambourg, pour le compte de

Fol. 8.

fr.

Brissot, suivant compte d'assurance de ce
jour, à 10 pour %. 2000

——————— *Du 18 février* 1815. ———————

(37) Pris 4000 marcs, sur Hambourg, par
Villeminot, sur Helman, à m./o., de ce jour,
à 3 usances, au change de 192 francs pour
100 marcs lubs. 7680

——————— *Du 25 dito.* ———————

(38) Compté, depuis le 1.er jusqu'au 20 courant, pour frais et dépenses générales. . . 1200

——————— *Du 28 dito.* ———————

(39) Compté, pour frais de ménage, depuis
le premier jusqu'au 28 courant. 3400

——————— *Du 5 mars.* ———————

(40) Durand, de Bayonne, a négocié 4000
marcs, pour m./c., dont le net produit s'élève
à 8,500, suivant sa lettre du 2 courant. . . 8500

——————— *Du 10 dito.* ———————

(41) Compté à Seguin, la somme de 25,000
francs que nous lui avons donné à la grosse
aventure, à raison de 30 pour % d'intérêt. . 25000

——————— *Du 15 dito.* ———————

(42) Compté à Breton, la somme de 20,000
francs, dont je lui avois assuré le montant. . 20000

——————— *Du 20 dito.* ———————

(43) Duperron, de Bordeaux, a acheté pour
mon compte, 50 tonneaux de vin, montant,
suivant compte d'achat du 12 courant, à . . 25000

Fol. 9.

——————— *Du* 28 *mars* 1815. ———————

(44) Acheté comptant, de compte à demi avec Debrie, 10,000 piastres fortes d'Espagne à 5 fr. 25 cent. . . . . | 52500

——————— *Du* 30 *dito.* ———————

(45) Vendu comptant, de compte à demi, avec Debrie, 10 000 piastres fortes d'Espagne à 5 fr. 30 cent. . . . . | 53000

——————— *Du* 1.er *avril.* ———————

(46) Acheté comptant, de compte à demi, avec Debrie, 1000 souverains à 34 francs. . . | 34000

——————— *Du* 3 *dito.* ———————

(47) Vendu comptant, de compte à demi, avec Debrie, 1000 souverains à 34 fr. 50 cent. | 34500

——————— *Du* 5 *dito.* ———————

(48) Acheté comptant, de compte à tiers, avec Debrie et Lemoine, 2000 ducats de Hollande, à 12 francs . . . . | 24000

——————— *Du* 8 *dito.* ———————

(49) Reçu en espèces des suivans pour leur tiers, à l'achat de 2000 ducats de Hollande, savoir :

De Debrie, pour son tiers. . . . 8000
De Lemoine, pour *idem.* 8000
——————
| 16000

——————— *Du* 10 *dito.* ———————

(50) Vendu comptant, de compte à tiers, avec Debrie et Lemoine, 2000 ducats de Hollande, à 15 francs. . . . . | 30000

Fol. 10.

─────── *Du* 11 *avril* 1815. ───────　　　fr:

(51) Compté aux suivans en espèces, pour
leur tiers, au net provenu de 2000 ducats de
Hollande, savoir :

A Debrie, pour son tiers	10,000
A Lemoine, pour son tiers. . . .	10,000

──────── *Du* 12 *dito.* ────────　　　20000

(52) Acheté comptant, de compte à
quart, avec Debrie, Lemoine et Perrier :

1000 Souverains à 32 fr.	32,000
1500 Guinées à 24 fr.	56,000

──────── *Du* 14 *dito.* ────────　　　68000

(53) Reçu en espèces des suivans,
pour leur quart à l'achat de 1000 souverains et de 1500 guinées, savoir :

De Debrie, pour son quart. . . .	17,000
De Lemoine, pour *idem.* . . .	17,000
De Perrier, pour *idem.*	17,000

──────── *Du* 16 *dito.* ────────　　　51000

(54) Vendu comptant, de compte à
quart, avec Debrie, Lemoine et Per-
rier, 1000 souverains à 36 francs . . | 36,000 |

1500 Guinées à 25 francs. . . .	37,500

──────── *Du* 19 *dito.* ────────　　　73500

(55) Compté aux suivans, pour leur
quart au net provenu de 1000 souverains et 1500 guinées, savoir :

A Debrie, pour son quart. . . .	18,375
A Lemoine, pour *idem.*	18,375
A Perrier, pour *idem.*. . . .	18,375

55125

Fol. 11.

fr.

——————— *Du* 15 *mai* 1815. ———————

(56) Reçu de Séguin, pour capital et intérêts de 25,000 fr. à lui donnés à la grosse
aventure, le 10 mars, la somme de. . . . | 32500

——————— *Du* 26 *dito.* ———————

(57) Duperron, de Bordeaux, a vendu,
pour mon compte, 50 tonneaux de vin dont
le net produit monte, suivant son compte
de vente, à. . . . . | 30000

——————— *Du* 1.er *juin.* ———————

(58) Vendu comptant, pour compte de Tollard, de Marseille, 10 barriques café, pesant
net 8000 liv. à 2 fr. la livre, la commission
à 2 pour $\frac{o}{o}$. . . . . | 16000

——————— *Du* 6 *dito.* ———————

(59) Acheté comptant pour compte de Roger, de Bordeaux, 10 barriques sucre, pesant
net 8000 liv. à 2 fr. la livre, la commission
à 2 pour $\frac{o}{o}$. . . . . | 16000

——————— *Du* 11 *dito.* ———————

(60) Fortin, de Bordeaux, a expédié pour
mon compte le navire *le Hope*, capitaine Lapipe, en destination pour Amsterdam, à l'a-
dresse et consignation de Heiberg, chargé de
vins, eaux-de-vie, etc., dont la cargaison
monte, suivant compte d'armement, à. . . | 80000

——————— *Du* 18 *dito.* ———————

(61) Fortin, de Bordeaux, s'est prévalu,
pour mon compte, sur Heiberg, d'Amsterdam, de 18,000 florins courans, à 3 usances,

Fol. 12.

fr.

et dont le net produit monte , suivant note
de négociation , à . . . . | 40000

————— *Du 20 juin* 1815. —————

(62) Remis à Fortin , de Bordeaux , en
traites, comme suit, prises au pair, savoir:
Traite de Durand , sur Cordier , à
mon ordre, à 15 jours de date. . . 15,000
Dito de Favret, sur Thouret, à
mon ordre, à 15 jours de date. . . 20,000
————— 35000

————— *Du 29 dito.* —————

(63) Négocié 18,000 florins en mes traites
sur Heiberg , à un mois, ordre de Duflot, au
change de 54 deniers de gros pour 3 francs ,
dont le net produit s'élève à. . . . . . | 40000

————— *Du 10 juillet.* —————

(64) Reçu de Buzanval , 13 000 fr. pour
compte de Delaunay, de Bordeaux. . . . | 13000

————— *Du 20 dito.* —————

(65) Heibert, d'Amsterdam, a vendu , pour
mon compte , la cargaison du navire *le Hope*,
capitaine Lapipe, dont le net produit monte ,
suivant compte de vente, à 45,000 florins
courans, le change à 54 deniers de gros pour
3 francs . . . . | 100000

————— *Du 26 dito.* —————

(66) Delaunay, de Bordeaux, s'est prévalu, pour mon compte, sur Heiberg , 6000 florins courans, dont le net produit s'élève,
suivant note de négociation, à. . . . . . | 13000

Fol. 13.

fr.

—————— *Du 30 juillet 1815.* ——————

(67) J'ai tiré sur Delaunay, de Bordeaux, 6,500 fr., ordre de Pinson, à 15 jours de date, à 1 pour % bénéfice, et dont le net produit est de . . . . | 6565

——————— *Du 12 août.* ———————

(68) J'ai acheté comptant, de compte à demi, avec Perrier, 20 barriques café, pesant net 16,000 liv. à 2 fr. la livre. . . . . . | 32000

——————— *Du 24 dito.* ———————

(69) Perrier a vendu comptant 20 barriques café, pesant net 16,000 liv., à 2 fr. 50 cent. la livre. . . . . | 40000

——————— *Du 28 dito.* ———————

(70) Auger a acheté comptant, de compte à demi avec moi, 1000 guinées à 24 fr. . . | 24000

——————— *Du 15 septembre.* ———————

(71) Auger a vendu comptant, de compte à demi avec moi, 1000 guinées à 24 fr. 50 cent. | 25000

——————— *Du 1.er octobre.* ———————

(72) Etat des profits qui se sont trouvés, savoir : sur Marchandises générales, pour autant que j'ai gagné cette année sur lesdites. 1,800

Sur escompte, pour mon bénéfice net sur les escomptes. 65

Sur commission, pour le montant de celles que j'ai gagnées cette année. . . 640

Sur change pour mon bénéfice sur les opérations de change. 820

Transport en l'autre part . . . 3,325

Fol. 14.

Transport de l'autre part. . . .	5,525
Sur sucre, pour mon bénéfice. . .	2,500
Sur vins, pour *idem.*	700
Sur café, pour *idem.*	12,000
Sur effets à la grosse, pour *idem.*	7,500
Sur cargaison du navire *le Hope*, pour *idem.*	20,000
Sur laine, pour *idem*	2,400
Auger, son compte à demi, pour ma moitié du bénéfice.	500
Duperron, de Bordeaux, mon compte, pour bénéfice.	5,000

53925

———— *Du 1.ᵉʳ octobre* 1815. ————

(73) Etat des pertes que nous avons faites cette année, savoir :

Sur les assurances.	18,000
Dépenses générales	1,200
Dépenses domestiques	3,400

22600

———————— *Dito.* ————————

(74) Le profit net que j'ai fait cette année, s'élève à. . . . .

59200

———————— *Dito.* ————————

(75) Etat des comptes qui restent ouverts sur le Grand-Livre, et qui sont Débiteurs, pour solde; j'en débite Balance de sortie sur le Journal, et j'en crédite lesdits comptes

Il m'est dû ce qui suit :

Par Lettres et Billets à recevoir pour Effets restans en porte-feuille. . . . 24,000

Fol. 15.

De l'autre part. 24,000

Par caisse, pour argent que nous y
avons trouvé. 160,660

Par marchandises générales, pour
celles qui me restent en magasin. . . 2,800

Par sucre, pour *idem.* 15,000

Par café, pour *idem.* 16,000

Par Godson, pour la somme dont il
reste Débiteur. 1,800

Par Leblanc, pour *idem.* 200

Par Fournier, pour *idem.* . . . 400

Par Ernest, pour *idem.* 4,000

Par Leblond, pour *idem.* . . . 7,400

Par Coulon, de Bordeaux, pour
idem. 3,600

Par Durand, de Bayonne, pour
idem. 8,500

Par Duperron, de Bordeaux, pour
idem. 5000

Par Perrier, pour *idem.* 36,000

Par Roger, pour *idem* 16,520

Par Heibert, d'Amsterdam, pour
idem. 7000

Par Auger, pour *idem.* 500
                                   ─────── 509180
——— *Du 1.er octobre* 1815. ———

(76) Etat de mon capital, dé mes
dettes passives, des comptes qui sont
restés créditeurs, ce que j'ai connu par
la balance que j'en ai faite sur mon
Grand-Livre; j'en crédite Balance de
sortie en débitant lesdits comptes ;

Fol. 16.

SAVOIR:

Je dois à mon capital, pour le net de mes effets actifs, pour mon capital net. 237,400

A Lettres et Billets à payer, pour le montant de mes effets qui me restent à acquitter. 12,000

A Tollard, de Marseille, pour la somme dont il reste créditeur. . . . 15,680

A Stor, pour *idem.* 1,600

A Sollet, pour *idem.* 600

A Froger, de Rouen, pour *idem.* . 300

A Hacot, de Lyon, *idem.* . . . 4,000

A Germain, de Bayonne, *idem.* . 10 100

A Déprez, pour *idem.* 15,500

A Debrie, pour *idem.* 500

A Fortin, de Bordeaux, pour *idem.* 5,000

A Delaunay, de Bordeaux, pour *idem.* 6 500

309180

———— Du 1er octobre 1815. ————

(77) Inventaire, Etat ou Bilan général, tant des marchandises, effets en nature, etc., que de nos dettes actives et passives :

ACTIF.

Effets particuliers.

Marchandises générales, pour le montant de celles en magasin. . . . 2,800

Sucre, pour *idem.* 15,000

Café, pour *idem* 16,000

Transporté ci-contre. 33,800

Fol. 17.

Transport de l'autre part. . . . 53,800
Caisse, pour fonds qui sont en Caisse,
suivant le Bordereau qui en a été fait. 160,660
Lettres et Billets à recevoir pour les
effets qui me restent en porte-feuille. . 24,000

Débiteurs par Comptes.

Godson me doit pour solde. . . .	1 800
Leblanc, *idem.*	200
Fournier, *idem.*	400
Ernest, de Bordeaux.	4,000
Leblond, de Marseille.	7,400
Coulon, de Bordeaux.	5,600
Durand, de Bayonne.	8,500
Duperron, de Bordeaux.	5,000
Perrier	36,000
Roger, de Bordeaux.	16 320
Heiberg, d'Amsterdam.	7,000
Auger.	500
Total de l'Actif.	**509180**

PASSIF.

Créanciers par Comptes.

Tollard, de Marseille.	15,680
Stor	1,600
Sollet.	600
Froger.	500
Hacot, de Lyon.	4,000
Germain, de Bayonne.	10,100
Déprez	15,500
Debrie	500
Fortin, de Bordeaux.	5,000
Delaunay, de Bordeaux. . . .	6,500
Transport en l'autre part. . .	**59,780**

Fol. 18.

Transport de l'autre part. . . . 59,780

Effets Passifs.

Lettres et Billets à payer pour mes
effets en circulation. 12,000

Total du Passif.   71780

RÉSULTAT ET BALANCE.

ACTIF.		PASSIF.	
Marchandises. . . .	33,800 f.	Effets à payer. . . .	12,000 f.
Argent	160,660	Créanc. par compte..	59,780
Lettres à recevoir. .	24,000	*Total passif.* . . .	71,780
Débiteurs par compte..	90,720	Partant mon capital net est de. . . .	237,400
Total actif. . .	309,180	*Som. pareille à l'actif.*	309,180

Certifié le présent État sincère et conforme à mes Livres.

Paris, le 1.er octobre 1815.

G.

JOURNAL

A PARTIES DOUBLES,

Commencé à Paris, le 1.ᵉʳ janvier 1815.

Fol. 1.

(1) INVENTAIRE général de tous mes effets, consistant en argent comptant, lettres et billets à recevoir, marchandises, suivant la reconnoissance que j'en ai faite ce jour.

1	DIVERS A CAPITAL, 205,800 fr.; pour le montant de mes effets, suivant l'inventaire de ce jour,

savoir:

		fr.
1	CAISSE, 180,000 fr. pour la somme que j'ai en espèces, suivant le bordereau de caisse de ce jour.	180,000
2	LETTRES ET BILLETS A RE-CEVOIR, 11,400 fr. pour ceux que j'ai en porte-feuille,	

savoir :

Une remise de Laroque, de Bordeaux, en traite de Morin sur Leroux, à mon ordre, du 20 passé, au 1.ᵉʳ prochain, montant à . . . . 4,600 f.

Dito de Besson, de Lyon,

Transporté en l'autre part. . 180,000

Fol. 2.

  Transport de l'actif. . . . 180,000
  De l'autre part. . . 4,600
en traite de Raoul, à son
ordre sur Bertaux, du 20
passé, au 1.er prochain,
de, ... 6,800 11,400

2

MARCHANDISES GÉNÉRALES
12,400 f., pour celles en magasin,
   savoir :
40 pièces mouchoirs des Indes,
revenant, suivant le livre de facture, f.° 5, à. 2,800
12 pièces de drap de Hol-
lande, revenant à . . . 9,600 12,400 203800

——— *Du 2.er janvier 1815.* ———

1
2

**CAPITAL A LETTRES ET BIL-
LETS A PAYER,** 5,600 f., pour
mon acceptation traite de Jobert, ordre de Durieu, du 30
passé, à un mois. 2,000
Idem. de Bastil, de Cadix, ordre
de Pillette, du 30 passé, à un
mois. 3,600 5600

——— *Dito.* ———

5
1

(2) **SUCRE A CAISSE,** 22,500 fr., acheté
comptant, de Belmont, 10 barriques pesant net 15,000 liv. à 150 fr. le °/₀. . . . 22500

——— *Du 3 dito.* ———

6
5

(3) **VINS, A STOR,** 1,600 fr., acheté dudit, à trois mois, 10 barriques de vin
Mâcon, première qualité, à 160 fr. le °/₀. . . 1600

  Transporté ci-contre. 233500

Fol. 3.

	Transport de l'autre part.	235500

—— Du 6 janvier 1815. ——

$\frac{1}{5}$ (4) CAISSE A SUCRE, 24,000 fr., vendu comptant à Lemoine, 10 barriques, sucre de Hambourg, pesant net 15,000 liv. à 160 fr. le $\frac{2}{0}$. . . . . | 24000

$\frac{5}{6}$ —— Du 8 dito. ——

(5) GODSON, A VINS, 1800 fr., vendu audit, à trois mois, 10 barriques de vin de Mâcon, première qualité, à 180 fr. la barrique. . . . . | 1800

$\frac{1}{6}$ —— Du 10 dito. ——

(6) CAISSE, A SOLLET, 600 fr., reçu dudit en espèces. . . . . | 600

$\frac{1}{6}$ —— Du 12 dito. ——

(7) CAISSE, A FROGER, de Rouen, 300 fr., reçu en espèces de Joly, pour compte dudit. . . . . | 300

$\frac{6}{1}$ —— Du 14 dito. ——

(8) LEBLANC, A CAISSE, 200 fr., compté audit pour solde. . . . . | 200

$\frac{6}{1}$ —— Du 16 dito. ——

(9) FOURNIER, A CAISSE, 400 fr., compté à Tourlet, pour compte dudit. . . . . | 400

$\frac{7}{7}$ —— Du 17 dito. ——

(10) HACOT, DE LYON, A ERNEST DE BORDEAUX, 8000 fr., ledit Créditeur a compté audit Débiteur, pour mon compte. | 8000

Transport en l'autre part. . . . . | 268800

5

Fol. 4.

    Transport de l'autre part. . . . . |268800

———— *Du 18 janvier 1815* ————

6	
—	
7	

(11) BOVARD, DE MARSEILLE, A HA-
COT DE LYON, 12,000 fr., ledit Créditeur a payé audit Débiteur, pour mon
compte . . . . |12000

———— *Du 19 dito.* ————

7	
—	
6	

(12) ERNEST, DE BORDEAUX, A BO-
VARD DE MARSEILLE, 12,000 fr.,
ledit Créditeur a compté audit Ernest pour
mon compte. . . . . |12000

———— *Du 20 dito.* ————

1	
—	
7	

(13) CAISSE, A LAURIN, de Rouen, 6,000
fr., pour ma traite sur ledit, à l'ordre de
Jouy, du 20 courant, à trois usances,
négociée au pair. . . . . |6000

———— *Du 21 dito.* ————

1	
—	
7	

(14) CAISSE, A JOURDAN, de Lyon,
5000 fr., pour ma traite sur Laurin, de
Rouen, pour compte dudit Créditeur, à
l'ordre de Jouy, du 21 courant, à trois
usances, négociée au pair. . . . . . |5000

———— *Du 22 dito.* ————

7	
—	
2	

(15) LAURIN, DE ROUEN, A LETTRES
ET BILLETS A PAYER, 6000 fr., pour
l'acceptation d'une traite dudit, à l'ordre
de Ricard, sur moi, du 1.er passé, à 30
jours de date . . . . |6000

    Transport ci-contre . . . . . . |309800

Fol. 5.

Transport de l'autre part.	309800

————— *Du 23 janvier 1815.* —————

$\frac{7}{2}$ (16) JOURDAN, DE LYON, A LET-
TRES ET BILLETS A PAYER, 5000 fr.,
pour acceptation d'une traite de Laurin,
de Rouen, à l'ordre de Gobert, sur moi,
pour compte dudit Débiteur, du 1er passé,
à 30 jours de date. 5000

————— *Du 24 dito.* —————

$\frac{7}{1}$ (17) LEBLOND, DE MARSEILLE, A
CAISSE, 7,400 fr., pour ma remise audit, en traite de Chauvin, à mon ordre,
sur Dubray, de ce jour, à 15 jours de date,
et j'ai acheté ladite traite au pair. . . . 7400

————— *Du 25 dito.* —————

$\frac{7}{1}$ (18) COULON, DE BORDEAUX, A
CAISSE, 3,600 fr., pour ma remise à
Jourdan, de Lyon, pour compte dudit
Débiteur, en traite de Poujin, sur Roblot, de Lyon, de ce jour, à 15 jours de
date, à mon ordre, et j'ai acheté ladite
traite au pair. 3600

————— *Du 26 dito.* —————

$\frac{2}{7}$ (19) LETTRES ET BILLETS A RECE-
VOIR, A GERMAIN DE BAYONNE,
4,500 fr., pour sa remise en traite de Guibert sur Girardin, à son ordre, du 20 courant, à 10 jours de date. 4500

Transport en l'autre part.	330300

	Fol. 6.	fr.
	Transport de l'autre part.	330300
	——————— *Du 27 janvier 1815.* ———————	
2 / 7	(20) LETTRES ET BILLETS A RECE- VOIR, A GERMAIN DE BAYONNE, 5,600 fr., pour la réception d'une remise de Gaudry, de Bordeaux, pour compte dudit Créditeur, en traite de Gardera, de Bordeaux, à son ordre, sur Couton, du 15 courant, à 15 jours de date.	5600
	——————— *Du 28 dito.* ———————	
8	(21) CAFÉ A DIVERS, 24,000 fr., j'ai acheté de Gauthier, moitié comptant, moitié en mon effet à usance, 20 barri- ques café, pesant net 16,000 liv., à 1 fr. 50 cent., comme suit, savoir :	
1	A CAISSE, 12,000 fr., pour la moi- tié payée comptant 12,000	
2	A LETTRES ET BILLETS A PAYER, 12,000 fr., pour l'autre moitié payée en mon effet à usance. 12,000	24000
	——————— *Du 29 dito.* ———————	
8	(22) DIVERS A CAFÉ, 36,000 fr., vendu à Degosse, payable un tiers comptant et les deux tiers en son effet à usance, 20 barriques café, pesant net 16,000 liv. à 2 fr. 25 cent. la livre, comme suit :	
1	CAISSE, 12,000 fr., pour le tiers reçu comptant. 12,000	
2	LETTRES ET BILLETS à rece- voir, 24,000 fr., pour les deux tiers reçus en son effet, à usance. . 24,000	36000
	Transporté ci-contre.	395900

		fr.
	Fol. 7.	
	Transport de l'autre part.	395900

——————— *Du 30 janvier 1815.* ———————

1
—
2

(23) CAISSE A MARCHANDISES GÉ-
NÉRALES, 11,400 fr., vendu comptant
à Rouvierre, 12 pièces, drap de Hollande. | 11400 |

——————— *Du 2 février.* ———————

1
—
2

(24) CAISSE A LETTRES ET BILLETS
à recevoir, 4,600 fr., pour encaissement
d'une remise de Laroque, de Bordeaux
en traite de Morin sur Leroux, à mon
ordre, du 20 décembre, échue le 1er. cou-
rant. . . . . | 4600 |

——————— *Dito.* ———————

2
—
1

(25) LETTRES ET BILLETS à payer à
CAISSE, 5,600 fr., acquitté une traite
de Jobert, ordre de Durieu, du 30 décembre, à un mois, montant à..   2,000
Et une traite de Bastil, de Cadix,
ordre de Pillette, du 30 décem-
bre, à un mois. . . . . . .   3,600 | 5600 |

——————— *Dito.* ———————

1
—
2

(26) CAISSE A LETTRES ET BILLETS
à recevoir, 6,800 fr., encaissé une remise
de Besson, de Lyon, en traite de Raoul, à
son ordre, sur Berteaux, du 20 décembre,
échue le 1er. courant. . . . . . . | 6800 |

——————— *Dito.* ———————

2
—
1

(27) LETTRES ET BILLETS à payer à
CAISSE, 6,000 fr., acquitté la traite de

| | *Transport en l'autre part.* . . . . | 1,245 |

Fol. 8.   fr.

   Transport de l'autre part. . . . . |424300

Laurin, de Rouen, à l'ordre de Ricard, sur
moi, du 1.ᵉʳ passé, à 30 jours de date. . | 6000

—————— *Du 2 février 1815.* ——————

2

—
1

(28) LETTRES ET BILLETS à payer à
CAISSE, 5,000 fr., acquitté la traite de
Laurin, de Rouen, sur moi, pour compte
de Jourdan, de Lyon, à l'ordre de Go-
bert, du 1.ᵉʳ passé, à 30 jours de date. . | 5000

————————— *Dito.* —————————

1

—
2

(29) CAISSE A LETTRES ET BILLETS
à recevoir, 4,500 fr., encaissé une remise
de Germain, de Bayonne, en traite de
Guibert sur Girardin, à son ordre, du 20
passé, à 10 jours de date. . . . . . | 4500

————————— *Du 4 dito.* —————————

1

—
2

(30) CAISSE A LETTRES ET BILLETS
à recevoir, 5,600 fr., encaissé une remise
de Gaudry, de Bordeaux, pour compte
de Germain, de Bayonne, en traite de
Gardera, de Bordeaux, à son ordre, sur
Couton, du 15 passé, à 15 jours de date. . | 5600

————————— *Dito.* —————————

—
1

(31) DIVERS A CAISSE, 49,000 fr., acheté
comptant de Gosselin, les marchandises
suivantes, savoir:

6
—

VIN, 10,000 fr., pour 50 pièces de
vin de Bourgogne, à 200 fr. la
pièce. 10,000

   Transport 10,000

  Transport ci-contre. . . . . . |445400

Fol. 9.

Transport de l'autre part. . . . |445400|

      Transport 10,000

11

LAINE, 24,000 fr., pour 12 balles,
laine vigogne, pesant net 4,800 liv.
à 5 fr. la livre 24 000

5

SUCRE, 15,000 fr., pour 10 barriques, pesant net 10,000 liv, à
150 fr. le ° . . . . 15,000 | 49000|

———— *Du 10 février 1815.* ————

1

(32) CAISSE A DIVERS, 52,900 fr., vendu
comptant à Ravenat les marchandises suivantes, savoir :

6

A VIN, 10,500 fr., pour 50 pièces
de vin de Bourgogne, à 210 fr.
la pièce 10,500

11

A LAINE, 26,400 fr., pour 12 balles, laine vigogne, pesant net
4,800 liv., à 5 fr. 50 cent. la livre. 26,400

5

A SUCRE, 16,000 fr., pour 10 barriques, pesant net 10,000 liv., à
160 fr. le °. . . . . 16,000 | 52900|

———— *Du 12 dito.* ————

(33) DIVERS A DIVERS, 31,000 fr., acheté de Déprez, moitié comptant, moitié à
trois mois, les marchandises suivantes :

8

CAFÉ, 16,000 fr., pour 10 barriques, pesant net 8,000 liv., à 2 fr.
la livre. 16,000

      Transport 16,000

Transport en l'autre part . . . |547300|

Fol. 10.   fr.

    Transport de l'autre part . . . . .|547300

             Transport.. 16,000

5   SUCRE, 15,000 fr., pour 10 barriques, pesant net 10 milliers, à
1 fr. 50 cent. la livre. 15,000
                                   31,000

1   A CAISSE, 15,500 fr., pour la moitié payée comptant. 15,500

8   A DÉPREZ, 15,500 fr., pour l'au-
tre moitié payable à trois mois. . 15,500 | 31000

———————— *Du 14 février 1815.* ————————

2   (34) LETTRES ET BILLETS à recevoir à
DIVERS, 10,000 fr., pour l'escompte à
2 pour % perte, d'un effet de 10,000 fr.,
par Desforges, ordre de Bocage, du 1.er
courant, à 2 mois, savoir :

1   A CAISSE, 9,800 fr., compté en
espèces. 9,800

3   A ESCOMPTE, 200 fr., j'ai rete-
nu pour l'escompte, à 2 pour % bé-
néfice. . . . . 200 | 10000

———————— *Du 15 dito.* ————————

2   (35) DIVERS A LETTRES ET BILLETS
A RECEVOIR, 10,000 fr., pour la négociation, à 2 pour % perte, d'un effet de
10,000 fr., par Desforges, ordre de Bocage,
du 1.er courant, à 2 mois, savoir :

1   CAISSE, 9,800 fr., pour autant
reçu en espèces. 9,800

3   ESCOMPTE, 200 fr., pour perte à
la négociation ci-dessus. . . . 200 | 10000

        Transport ci-contre. . . . . . |598300

		fr.
	Fol. 11.	
	Transport de l'autre part. . . .	598300
$\frac{1}{4}$	——— *Du* 17 *février* 1815. ———	
	(36) CAISSE A ASSURANCES, 2,000 fr.,	
	reçu de Breton, pour prime d'assurance,	
	au montant de 20,000 fr. de marchandises	
	chargées sur le navire *La Julie*, en desti-	
	nation pour Hambourg, pour compte de	
	Brissot, suivant compte d'assurance de ce	
	jour, à 10 pour $\frac{o}{o}$.	2000
$\frac{4}{1}$	——— *Du* 18 *dito.* ———	
	(37) COMPTE DE CHANGE A CAISSE,	
	7,680 fr., j'ai pris 4,000 marcs sur Ham-	
	bourg, par Villeminot, sur Helman, à	
	m./o., de ce jour, à 3 usances, au change	
	de 192 fr., pour 100 marcs lubs. . . .	7680
$\frac{4}{1}$	——— *Du* 25 *dito.* ———	
	(38) DÉPENSES GÉNÉRALES A CAISSE,	
	1,200 fr., compté depuis le 1.er jusqu'au	
	20 courant, pour frais et dépenses géné-	
	rales	1200
$\frac{4}{1}$	——— *Du* 30 *dito.* ———	
	(39) DÉPENSES DOMESTIQUES A	
	CAISSE, 3,400 fr., compté pour frais de	
	ménage, depuis le premier jusqu'au 30	
	courant	3400
$\frac{8}{4}$	——— *Du* 5 *mars.* ———	
	(40) DURAND, DE BAYONNE, A	
	COMPTE DE CHANGE, 8,500 fr., ledit	
	a négocié 4,000 marcs pour mon compte,	
	dont le net produit s'élève à 8,500 fr., sui-	
	vant sa lettre du 2 courant.	8500
	Transport en l'autre part. . . .	621080

Fol. 12.

Transport de l'autre part . . . . |621080

8
———————— Du 10 mars 1815. ————————

—
1
(41) EFFETS A LA GROSSE, A CAISSE,
25,000 fr., j'ai donné en argent à Séguin, à
la grosse aventure, à raison de 30 pour ‰
d'intérêt. . . . . |25000

4
———————— Du 15 *dito.* ————————

—
1
(42) ASSURANCES A CAISSE, 20,000 fr.,
j'ai compté à Breton ladite somme, dont
je lui avois assuré le montant. . . . . |20000

8
———————— Du 20 *dito.* ————————

—
8
(43) DUPERRON, DE BORDEAUX, mon
compte à LUI-MÊME, 25,000 fr., ledit
créditeur a acheté pour mon compte 50
tonneaux de vin, montant suivant compte
d'achat, du 12 courant, à. . . . . . |25000

5
———————— Du 28 *dito.* ————————

—
1
(44) MATIÈRES D'OR ET D'ARGENT,
de compte à demi avec Debrie, à CAISSE,
52,500 fr., j'ai acheté comptant, de compte
à demi, avec ledit, 10,000 piastres fortes
d'Espagne, à 5 fr. 25 cent. . . . . . |52500

9
———————— Dito. ————————

—
9
DEBRIE, son compte courant à LUI-MÊME,
son compte à demi, 26,250 fr., pour sa
moitié à l'achat ci-dessus. . . . . . |26250

1
———————— Du 30 *dito.* ————————

—
5
(45) CAISSE A MATIÈRES d'or et d'argent de c. à 1/2 avec Debrie, 53,000 fr.,
vendu comptant de c. à 1/2 avec ledit,
10,000 piastres à 5 fr. 30 cent. . . . . |53000

Transport ci-contre. . . . . . |822830

		fr.
	Fol. 13.	
	Transport de l'autre part	822830

9 — 9	——— Du 30 *mars* 1815. ———	
	DEBRIE, s./c. à 1/2 A LUI-MÈME, 26,500 fr., pour sa 1/2 à la vente ci-dessus. . .	26500
5 —	——— *Dito.* ———	
	MATIÈRES d'or et d'argent de compte à demi avec Debrie, à DIVERS, 5oo fr. pour solde et pour bénéfice, savoir :	
— 9	A DEBRIE, son compte en compagnie, 25o fr. pour sa moitié du bénéfice à la vente de 10,000 piastres 25o	
— 3	A PROFITS ET PERTES, 25o fr. pour ma moitié du bénéfice à ladite vente. 25o	5oo
5 — 1	——— Du 1.er *avril.* ———	
	(46) MATIÈRES D'OR ET D'ARGENT de compte à demi avec Debrie, à CAISSE, 34,000 fr., acheté comptant de compte à demi avec ledit, 1,000 souverains à 34 fr..	34000
9 — 5	——— *Dito.* ———	
	DEBRIE, son compte courant à MATIÈRES d'or et d'argent de compte à demi avec lui-même, 17,000 fr., pour sa moitié à l'achat ci-dessus	17000
1 — 5	——— Du 3 *dito.* ———	
	(47) CAISSE A MATIÈRES D'OR ET D'ARGENT, de compte à demi avec Debrie, 34,5oo fr., vendu comptant de compte à demi avec ledit, 1,000 souverains à 34 fr. 50 cent.	34500
	Transport en l'autre part. . . .	935330

		fr.
	Fol. 14.	
	Transport de l'autre part. . . .	935350

———— *Du* 3 *avril* 1815. ————

5 | MATIÈRES D'OR ET D'ARGENT, de compte à demi avec Debrie, **A DIVERS,** 17,500 fr., savoir :

9 | A DEBRIE, son compte courant, 17,250 fr., pour sa moitié à la vente ci-dessus. 17,250

3 | A PROFITS ET PERTES, 250 fr., pour ma moitié du bénéfice à la dite vente. 250   17500

———— *Du* 5 *dito.* ————

1 | (48) DIVERS A CAISSE, 24,000 fr., acheté comptant de compte à tiers avec Debrie et Lemoine, 2,000 ducats de Hollande, à 12 fr., savoir :

9 | DEBRIE, s./c. courant, 8,000 fr., pour son tiers à l'achat ci-dessus. 8,000

9 | LEMOINE, s./c. courant, 8,000 fr., pour son tiers 8,000

5 | MATIÈRES d'or et d'argent, compte à tiers avec Debrie et Lemoine, 8,000 fr., pour mon tiers audit achat. 8,000   24000

———— *Du* 8 *dito.* ————

1 | (49) CAISSE A DIVERS, 16,000 fr., reçu en espèces des suivans pour leurs tiers à l'achat de 2,000 ducats de Hollande, savoir :

9 | A DEBRIE, s./c. courant, reçu du-

Transport ci-contre. 976630

Fol. 15.   fr.

Transport de l'autre part. . . .		976830
dit pour son tiers . . . , . . . 8,000		

9 | A LEMOINE, s./c. courant, reçu
dudit pour son tiers. 8,000   16000

———— *Du* 10 *avril* 1815. ————

1 / 5 | (50) CAISSE A MATIÈRES D'OR ET D'ARGENT, de compte à tiers avec Debrie et Lemoine, 30,000 fr., vendu comptant de compte à tiers avec lesdits, 2,000 ducats de Hollande, à 15 fr. . .   30000

———— *Dito.* ————

5 | MATIÈRES d'or et d'argent de compte à tiers avec Debrie et Lemoine, à DI-VERS, 22,000 fr., savoir :

9 | A DEBRIE, s./c. courant, 10,000 fr., pour son tiers à la vente ci-dessus. 10,000

9 | A LEMOINE, s./c. courant, 10,000 fr., pour son tiers à la vente. . 10,000

3 | A PROFITS ET PERTE, 2,000 fr., pour le tiers de mon bénéfice à la-dite vente. . . , ... 2,000   22000

———— *Du* 11 *dito.* ————

1 | (51) DIVERS A CAISSE, 20,000 fr. j'ai compté aux suivans en espèces pour leur tiers au net provenu de 2,000 ducats de Hollande, savoir :

9 | DEBRIE, s./c. courant, 10,000 fr., compté audit pour son tiers. . . 10,000

9 | LEMOINE, s./c. courant, 10,000 fr., compté audit pour son tiers. . 10,000   20000

Transport en l'autre part. . . . . | 1064830

Fol. 16.

		fr.
	Transport de l'autre part. . . .	1064830

———— *Du* 12 *avril* 1815. ————

1 │ (52) DIVERS A CAISSE, 68,000 fr., acheté comptant de compte à quart avec Debrie, Lemoine et Perrier,

    1,000 souverains à 32 fr. 32,000
    1,500 guinées à 24 fr. 36,000
                   68,000

Comme suit, savoir :

9 │ DEBRIE, s./c. courant pour son quart à l'achat ci-dessus. . . .17,000
9 │ LEMOINE, s./c. courant pour son quart audit achat. 17,000
9 │ PERRIER, s./c. courant pour son dit quart. 17,000
4 │ MATIÈRES d'or et d'argent de compte à quart avec lesdits, pour mon quart audit achat. . . .17,000   68000

———— *Du* 14 *dito.* ————

1 │ (53) CAISSE A DIVERS, 51,000 fr. J'ai reçu en espèces des suivans pour leur quart à l'achat de 1,000 souverains, et de 1,500 guinées, savoir :

9 │ A DEBRIE, 17,000 fr. Reçu dudit pour son quart. 17,000
9 │ A LEMOINE, 17,000 fr. Reçu pour son quart. 17,000
9 │ A PERRIER, 17,000 fr. Reçu pour son quart 17,000   51000

Transport ci-contre. 1185830

Fol. 17.

		fr.
	Transport de l'autre part.	1183830

——— *Du* 16 *avril* 1815. ———

1 | (54) CAISSE A DIVERS, 73 500 fr. Vendu comptant de compte à quart avec Debrie, Lemoine et Perrier :

1,000 souverains à 36 fr. 36,000
1,500 guinées à 25 fr. . 37,500
——————
73,500

Comme suit, savoir :

9 | A DEBRIE, s./c. courant, 18,375 fr., pour son quart à la vente ci-dessus. 18,375

9 | A LEMOINE, s./c. courant, 18,375 fr., pour *idem.* 18,375

9 | A PERRIER , 18,375 fr. , pour *idem* 18,375

4 | A MATIÈRES d'or et d'argent de compte à quart avec lesdits, 18,375 fr., pour mon quart à ladite vente. 18,375 | | 73500

——————— *Dito.* ———————

4/3 | MATIÈRES d'or et d'argent, de compte, à quart avec Debrie, Lemoine et Perrier, A PROFITS ET PERTES, 1,375 fr., pour le quart de mon bénéfice à la vente ci-dessus . . . . | | 1375

——————— *Du* 19 *dito.* ———————

1 | (55) DIVERS A CAISSE, 55,125 fr. J'ai compté aux suivans en espèces, pour leur quart au net provenu de 1,000 souverains et de 1,500 guinées, savoir :

Transport en l'autre part. . . . . | 1258705

80   JOURNAL.   fr.

Fol. 18.

Transport de l'autre part. . . . | 1258705

9/— | DEBRIE, 18,375 fr., compté au-
dit pour son quart. 18,375

9/— | LEMOINE, 18,375 fr., idem. . 18,375

9/— | PERRIER, 18,375 fr., idem. . . 18,375 | 55125

—————— Du 15 mai 1815. ——————

1/8 | (56) CAISSE A EFFETS à la grosse,
32,500 fr. J'ai reçu de Séguin, pour capital et intérêts de 25,000 fr., à lui donnés à la grosse aventure, le 10 mars, à
raison de 50 pour ∘/∘ d'intérêt. . . . . | 52500

8/— | —————— Du 26 dito. ——————

8 | (57) DUPERRON, DE BORDEAUX, A
LUI-MÊME, M./C., 30,000 fr., ledit
Débiteur a vendu pour mon compte 50
tonneaux de vin, dont le net produit
monte, suivant son compte de vente, à. . | 30000

1/— | —————— Du 1.er juin. ——————

3 | (58) CAISSE A COMMISSION, 16,000 fr.
J'ai vendu comptant pour compte de
Tollard, de Marseille, 10 barriques,
café, pesant net 8,000 liv., à 2 fr. la
livre, la commission à 2 pour ∘/∘.. . . . | 16000

3/— | —————— Dito. ——————

3 | COMMISSION A TOLLARD, de Mar-
seille, 15,680 fr., pour le montant de la
la vente ci-dessus, la commission à 2
pour ∘/∘. . . . . | 15680

3/— | —————— Du 6 dito. ——————

1 | (59) COMMISSION A CAISSE, 16,000 fr.

Transport ci-contre. . . . . . . | 1408010

Fol. 19.

	fr.
Transport de l'autre part.	1408010

J'ai acheté comptant pour compte de Roger, de Bordeaux, 10 barriques, sucre, pesant net 8,000 liv., à 2 fr. la livre, la commission à 2 pour °/°. . . . . | 16000

——— *Du 6 juin 1815.* ———

10
—
3

ROGER, de Bordeaux, A COMMISSION, 16,320 fr., pour l'achat ci-dessus fait pour son compte, montant à 16,000 fr., la commission à 2 pour °/°. . . . . . | 16320

——— *Du 11 dito.* ———

10
—
10

(60) CARGAISON DU NAVIRE LE HOPE, A FORTIN, de Bordeaux, 80,000 fr., ledit Créditeur a expédié pour mon compte, le Navire le Hope, capitaine Lapipe, en destination pour Amsterdam, à l'adresse et consignation de Heiberg, chargé de vins, eau-de-vie, etc. dont la cargaison monte, suivant compte d'armement, à . . . . | 80000

——— *Du 18 dito.* ———

10
—
10

(61) FORTIN, DE BORDEAUX, à HEIBERG, d'Amsterdam, 40,000 fr., ledit Débiteur s'est prévalu pour mon compte sur ledit Créditeur, de 18,000 florins courans, à 3 usances, dont le net produit monte, suivant note de négociation, à. | 40000

——— *Du 20 dito.* ———

10
—
1

(62) FORTIN, DE BORDEAUX, A CAISSE, 55,000 fr., pour ma remise

Transport en l'autre part. . . . | 1560330

6

		fr.
Fol. 20.		

Transport de l'autre part. . . . 156330

audit en traites, comme suit, prises au pair, savoir :

Traite de Durand sur Cordier, à
mon ordre, à 15 jours de date. . 15,000
Dito de Favret, sur Thouret, à
mon ordre, à 15 jours de date. . 20,000   35000

——— Du 29 juin 1815. ———

1
—
10

(63) CAISSE A HEIBERG, D'AMSTER-
DAM, 40,000 fr. J'ai négocié 18,000 florins en mes traites sur ledit Créditeur, à
un mois, ordre de Duflot, au change de
54 deniers de gros pour 3 fr., dont le
net produit s'élève à. 40000

——— Du 10 juillet. ———

1
—
10

(64) CAISSE A DELAUNAY, DE BOR-
DEAUX, 15,000 fr., que j'ai reçu de
Buzanval, pour compte dudit Créditeur. 15000

——— Du 20 dito. ———

10
—
10

(65) HEIBERG, D'AMSTERDAM, A
CARGAIᵒⁿ du Navire le Hope, 100,000
fr., ledit a vendu pour mon compte, la
cargaison du Navire le Hope, capitaine
Lapipe, dont le net produit monte, suivant compte de vente, à 45,000 florins
courans, le change à 54 deniers de gros
pour 3 fr. 100000

——— Du 26 dito. ———

10
—
10

(66) DELAUNAY, DE BORDEAUX,
A HEIBERG, d'Amsterdam, 15,000 fr.,

Transport ci-contre. 1748330

Fol. 21. fr.

Transport de l'autre part. . . . | 1748330

ledit s'est prévalu pour mon compte sur
ledit Créditeur, de 6000 florins courans,
dont le net produit s'élève suivant note
de négociation, à. . . . . . . | 15000

———— Du 30 juillet 1815. ————

1 | (67) CAISSE A DIVERS, 6565 fr., pour
le net produit de ma traite sur Delaunay, de Bordeaux, ordre de Pinson, à
15 jours de date, à 1 pour $\frac{o}{o}$ de bénéfice,
savoir :

10 | A DELAUNAY, de Bordeaux,
6,500 fr., pour le montant de ma
traite sur ledit. 6,500

3 | A ESCOMPTE, 65 fr., pour le
bénéfice à la négociation de la-
dite traite. . . . . . . 65 | 6565

———— Du 12 août. ————

1 | (68) DIVERS A CAISSE, 52,000 fr. J'ai
acheté comptant de compte à demi avec
Perrier, 20 barriques, café, pesant net
16,000 liv., à 2 fr. la livre, savoir :

9 | PERRIER, s./c. courant, 16,000 f.,
pour sa moitié à l'achat. . . . 16,000

10 | MARCHANDISES en participa-
tion de compte à demi avec Perrier, 16,000 fr., pour ma moitié
audit achat. . . . . . . 16,000 | 32000

Transport en l'autre part. . . . | 1799895

84 JOURNAL

		fr.
	Fol. 22.	
	Transport de l'autre part.	1799895

——————— *Du 24 août 1815.* ———————

9/10 (69) PERRIER, S./C. COURANT A MAR-
CHANDISES, en participation de
compte à demi avec lui-même, 20,000
fr. Ledit a vendu comptant de compte
à demi avec moi, 20 barriques, café,
pesant net 16,000 liv., à 2 fr. 50 cent. la
livre, montant à 40,000 fr., dont pour
ma moitié. . . . . | 20000 |

10/3 MARCHANDISES en participation de
compte à demi avec Perrier, A PRO-
FITS ET PERTES, 4000 fr., pour la
moitié de mon bénéfice à la vente des 20
barriques café. . . . . | 4000 |

——————— *Du 28 dito.* ———————

11/11 (70) AUGER, son compte à demi, à LUI-
MÊME, son compte courant 12,000 fr.
Ledit a acheté comptant, de compte à
demi avec moi, 1,000 guinées à 24 fr.,
montant à 24,000 fr., dont pour ma
moitié . . . . | 12000 |

——————— *Du 15 septembre.* ———————

11/11 (71) AUGER, S./C. C. A LUI-MÊME,
son compte à demi, 12,500 fr. Ledit a
vendu comptant, de compte à demi avec
moi, 1,000 guinées à 24 fr. 50 cent., mon-
tant à 25,000 fr., dont pour ma moitié. | 12500 |

TOTAL des articles du Journal, conforme
au total des débits ou des crédits trouvés
par la Balance de vérification, page 93. | 1848395 |

Fol. 23.

fr.

——— *Du* 1.ᵉʳ *octobre* 1815. ———

3 (72) DIVERS A PROFITS ET PERTES,
53,925 fr., pour bénéfice et pour solde,

2 savoir :

MARCHANDISES GÉNÉRALES, 1,800
fr., pour autant que j'ai gagné cette année, sur lesdites et pour solde

3 dudit compte   1,800

ESCOMPTE, 65 fr., pour le bénéfice net sur les divers escomptes et

3 pour solde.   65

COMMISSION, 640 fr., pour le
montant des commissions que j'ai

4 gagnées cette année et pour solde.   640

COMPTE DE CHANGE, 820 fr.,
pour mon bénéfice sur les opéra-

5 tions de change et pour solde. .   820

SUCRE, 2,500 fr., pour autant que
j'ai gagné cette année sur ledit et

6 pour solde   2,500

VINS, 700 fr., pour solde et pour

8 bénéfice   700

CAFÉ, 12,000 fr., pour mon bénéfice sur ledit et pour solde. . . 12,000

8 EFFETS à la grosse, 7,500 fr.,
pour solde et pour mon bénéfice . 7,500

10 CARGAISON du Navire le Hope,
20,000 fr., pour mon bénéfice sur
ladite et pour solde. 20,000

11 AUGER, son compte à demi, 500 f.,
pour solde et pour ma moitié du
bénéfice.   500

11 LAINE, 2,400 fr., pour solde et

Fol. 24.   fr.

    pour mon bénéfice sur ladite mar-

      chandise. 2,400

8   DUPERRON, de Bordeaux, mon

—   compte, 5,000 fr., pour solde et

    pour mon bénéfice. 5,000

                                    53925

—————— Du 1.er octobre 1815. ——————

3   (73) PROFITS ET PERTES A DIVERS,

—   22,600 fr., pour les pertes que j'ai faites

    cette année, et pour solde, savoir :

— A ASSURANCES, 18,000 fr., pour

4   solde et pour la perte que j'ai faite

    sur les assurances cette année. . . 18,000

— A DÉPENSES GÉNÉRALES,

4   1,200 fr., pour les dépenses faites

    cette année et pour solde. . . . 1,200

— A DÉPENSES domestiques, 3,400

4   fr., pour les dépenses de ménage

    que nous avons faites et pour

    solde. 3,400

                                 22600

3   —————— Du 1er dito. ——————

— (74) PROFITS ET PERTES A CAPITAL,

1   39,200 fr., pour le profit net que j'ai fait

    cette année et pour solde du compte de

    profits et pertes. 39200

                  —————— Dito. ——————

11   (75) BALANCE DE SORTIE A DIVERS,

—   309,180 fr., pour les sommes suivantes,

    dont sont restés Débiteurs pour solde les

    sous-nommés, mais que je crédite actuel-

    lement, pour balancer leurs comptes et

    les porter ensuite Débiteurs en Balance

    d'entrée, savoir :

Fol. 25.

1 | A CAISSE, 160,660 fr., pour autant qu'il me reste en espèces, suivant le bordereau de ce jour, et pour solde dudit compte. . . . 160,660

2 | A MARCHANDISES GÉNÉRALES, 2,800 fr., pour celles qui me restent en magasin et pour solde de ce compte. . . 2,800

2 | A LETTRES ET BILLETS A RECEVOIR, 24,000 fr., pour effets restans en porte-feuille et pour solde dudit compte. . . 24,000

5 | A SUCRE, 15,000 fr., pour ce qui me reste en magasin et pour solde de ce compte. 15,000

5 | A GODSON, 1,800 fr., pour la somme dont il reste Débiteur, que je crédite actuellement pour Balance et pour solde de son compte, et que je porterai ensuite Débiteur en Balance d'entrée. 1,800

6 | A LEBLANC, 200 fr., pour solde de son compte. 200

6 | A FOURNIER, 400 fr., pour solde de son compte. 400

7 | A ERNEST, de Bordeaux, 4,000 f. pour *idem*. 4,000

7 | A LEBLOND, de Marseille, 7,400 fr., pour *idem*. 7,400

7 | A COULON, de Bordeaux, 3,600 fr., pour *idem*. 3,600

Fol. 26.   fr.

		fr.
8	A DURAND, de Bayonne, 8,500 fr., pour *idem*.	8,500
8	A DUPERRON, de Bordeaux, 5,000 fr., pour *idem*.	5,000
9	A PERRIER, 36,000 fr., pour *idem*.	36,000
10	A ROGER, de Bordeaux, 16,320 fr., pour *idem*	16,320
10	A HEIBERG, d'Amsterdam, 7,000 fr., pour *idem*.	7,000
11	A AUGER, 500 fr., pour *idem*. .	500
8	A CAFÉ, 16,000 fr., pour ce qui reste en magasin.	16,000

———— *Du* 1.er *octobre* 1815. ————

309,180

11	(76) DIVERS A BALANCE DE SORTIE, 309,180 fr., pour les sommes suivantes dont sont restés Créanciers pour solde les sous-nommés, mais que je débite actuellement pour balancer leurs comptes et les porter ensuite Créanciers à la Balance d'entrée, savoir :
1	CAPITAL, 237,400 fr., pour solde dudit compte et pour mon capital net. 237,400
2	LETTRES ET BILLETS A PAYER, 12,000 fr., pour le montant de mes billets qui sont encore en circulation, et pour solde du compte de lettres et billets à payer. 12,000
3	TOLLARD, DE MARSEILLE, 15,680 fr., pour la somme dont

Fol. 27.   fr.

il reste Créditeur, que je débite
actuellement pour balance et
pour solde de son compte; et que
je porterai ensuite Créditeur en
Balance d'entrée.   15,680

5 | STOR , 1,600 fr., pour solde de
6 | son compte.   1,600

6 | SOLLET, 600 fr., pour *idem*.   600

6 | FROGER, DE ROUEN, 300 fr.,
— | pour *idem*.   300

7 | HACOT, DE LYON, 4,000 fr.
— | pour *idem*.   4,000

7 | GERMAIN, DE BAYONNE,
8 | 10,100 fr., pour *idem*. . . .   10,100

8 | DÉPREZ, 15,500 fr., pour *idem*. 15,500

9 | DEBRIE, 500 fr., pour *idem*. .   500

10 | FORTIN, DE BORDEAUX,
— | 5000 fr., pour *idem*.   5,000

10 | DELAUNAY, DE BORDEAUX,
— | 6,500 fr., pour *idem* . . . .   6,500 | 309180

——— Du 1.er octobre 1815. ———

— | (77) DIVERS A BALANCE D'ENTRÉE,
12 | 309180 fr., pour crédit à eux donné par
   | Balance de sortie, et pour les sommes sui-
   | vantes dont sont restés Débiteurs les sous-
   | nommés, savoir :

1 | CAISSE , 160,660 fr., pour la
— | somme trouvée en espèces, sui-
  | vant le bordereau de ce jour. . 160660

2 | MARCHANDISES GÉNÉRA-
— | LES, 2,800 fr., pour le montant
  | de celles en magasin.   2,800

Fol. 28.

5	SUCRE, 15,000 fr., pour ce qui me reste en magasin.	15,000
8	CAFÉ, 16,000 fr., pour ce qui me reste en magasin.	16,000
2	LETTRES ET BILLETS A RE-CEVOIR, 24,000 fr., pour les effets qui me restent en porte-feuille	24,000
5	GODSON, 1,800 fr., pour la somme dont il est resté Débiteur pour solde de son compte. . .	1,800
6/6	LEBLANC, 200 fr., pour *idem.* .	200
6	FOURNIER, 400 fr., pour *idem.*.	400
7	ERNEST, de Bordeaux, 4,000 fr., pour *idem.*	4,000
7	LEBLOND, de Marseille, 7,400 f., pour *idem.*	7,400
7	COULON, DE BORDEAUX, 3,600 fr., pour *idem.*	3,600
8	DURAND, DE BAYONNE, 8,500 fr., pour *idem.*	8,500
8	DUPERRON, DE BORDEAUX, 5,000 fr., pour *idem.*	5,000
9	PERRIER, 36,000 fr., pour *idem.*	36,000
10	ROGER, DE BORDEAUX, 16,320 fr., pour *idem.* . . .	16,320
10	HEIBERG, D'AMSTERDAM, 7,000 fr., pour *idem.*	7,000
11	AUGER, 500 fr., pour *idem.*. .	500

fr.

309180

———— *Du* 1.er *octobre* 1815. ————

12	(78) BALANCE D'ENTRÉE A DIVERS, 309,180 fr., pour crédit donné à Balance

Fol. 29.

fr.

de sortie par les Créditeurs suivans pour les sommes suivantes, dont ils sont restés Créanciers dans l'ancien compte ; nous les avions débités à Balance de sortie, et nous les créditons par Balance d'entrée, savoir :

1	A CAPITAL, 237,400 fr., pour mon capital net.	237,400
2	A LETTRES ET BILLETS A PAYER, 12,000 fr., pour le montant de mes billets qui sont encore en circulation.	12,000
5	A TOLLARD, DE MARSEILLE, 15,680 fr., pour la somme dont il est resté Créditeur ; je l'avois débité à Balance de sortie pour solde, et je le crédite de nouveau.	15,680
5	A STOR, 1,600 fr., pour *idem*. .	1,600
6	A SOLLET, 600 fr., pour *idem*..	600
6	A FROGER, DE ROUEN, 300 f, pour *idem*.	300
7	A HACOT, DE LYON, 4000 fr., pour *idem*.	4,000
7	A GERMAIN, DE BAYONNE, 10,100 fr., pour *idem*. . .	10,100
8	A DÉPREZ, 15,500 fr., pour *idem*.	15,500
9	A DEBRIE, 500 fr., pour *idem*. .	500
10	A FORTIN, DE BORDEAUX, 5,000 fr., pour *idem*.	5,000
10	A DELAUNAY, DE BORDEAUX, 6,500 fr., pour *id*. .	6,500
		309180

BALANCE DE VÉRIFICATION.

F.º		Doit.	Avoir.
1	CAPITAL.	5600	203800
2	Marchandises générales. . . .	12400	11400
1	Caisse.	691565	530905
3	Tollard..		15680
2	Lettres et Billets à recevoir. . .	55500	31500
2	Lettres et Billets à payer. . . .	16600	28600
3	Profits et Pertes.		7875
3	Escompte.	200	265
3	Commission.	31680	32320
4	Assurances.	20000	2000
4	Dépenses générales	1200	
4	Dépenses domestiques	3400	
4	Change	7680	8500
5	Matières d'or et d'argent de compte à demi, avec Debrie. . .	104500	104500
5	Matières d'or et d'argent de compte à tiers avec Debrie et Lemoine.	30000	30000
4	Matières d'or et d'argent, de compte à quart avec Debrie, Lemoine et Perrier.	18375	18376
5	Sucre.	52500	40000
5	Stor.		1600
6	Vins.	11600	12300
5	Godson	1800	
6	Sollet.		600
6	Froger.		300
6	Leblanc	200	
6	Fournier.	400	
7	Hacot.	8000	12000
6	Bovard.	12000	12000
7	Ernest.	12000	8000
7	Laurin.	6000	6000
7	Jourdan	5000	5000

Porté ci-contre : 1108,200 1123,520

		Doit.	Avoir.
	Transport de ci-contre. . . .	1108200	1123520
7	Leblond.	7400	
7	Coulon.	3600	
7	Germain.		10100
8	Café	40000	36000
8	Déprez		15500
8	Durand	8500	
8	Effets à la grosse. . . .	25000	52500
8	Duperron, mon compte. . . .	25000	50000
8	Duperron.	30000	25000
9	Debrie.	96025	97125
9	Debrie, son compte à demi. . .	26500	26500
9	Lemoine.	53375	53375
9	Perrier	71375	35375
10	Roger.	16520	
10	Cargaison du Navire le Hope. . .	80000	100000
10	Fortin.	75000	80000
10	Heiberg.	100000	95000
10	Delaunay	13000	19500
10	Marchandises à demi avec Per-rier.	20000	20000
11	Auger, son compte à demi. . .	12000	12500
11	Auger.	12500	12000
11	Laine.	24000	26400
		1848595	1848595

GRAND-LIVRE A,

A PARTIES DOUBLES.

GRAND LIVRE A,

Fol. 1.

1815.		DOIT,	CAPITAL.			
Janvier.	1	A Lettres et Billets à payer pour acceptation.....	2	2	5600
octobre.	1	A Balance, pour solde et pour mon capital net...	26	11	237400
					243000

		DOIT,	CAISSE.			
Janvier.	1	A Capital, pour ce que j'ai en espèces..........	1	1	180000
	6	A Sucre, vendu comptant...................	5	5	24000
	10	A Sollet, reçu en espèces.................	3	6	600
	12	A Froger, reçu pour compte dudit...........	3	6	300
	20	A Laurin, reçu pour ma Traite sur ledit........	4	7	6000
	21	A Jourdan, pour m. Traite sur Laurin, pour son c.	4	7	5000
	29	A Café, pour le tiers reçu comptant...........	6	8	12000
	30	A Marchandises générales, vendu comptant.....	7	2	11400
Février.	2	A Lettres et Billets à recevoir, encaissé une remise.	7	2	4600
	2	A Lettres et Billets à recevoir, encaissé une remise.	7	2	6800
	2	A Lettres et Billets à recevoir, encaissé une remise.	8	2	4500
	4	A Lettres et Billets à recevoir, encaissé une remise.	8	2	5600
	10	A Divers, vendu comptant les marchandises.....	9	0	52900
	15	A Lett. et Billets à recev., négocié un Eff. à 2 p. 100.	10	2	9800
	17	A Assurance, reçu de Breton, pour prime......	11	4	2000
Mars.	30	A Matières d'or et d'argent, à 1/2, pour vente...	12	5	55000
Avril.	5	A Matières d'or et d'argent, à 1/2, pour vente...	13	5	34500
	8	A Divers, reçu pour leur tiers à l'achat........	14	0	16000
	10	A Matières d'or et d'argent, à tiers, pour vente..	15	5	30000
	14	A Divers, reçu en espèces pour leur quart.......	16	0	51000
	16	A Divers, vendu comptant de compte à quart....	17	0	73500
Mai.	15	A Effets à la grosse, reçu pour capital et intérêts..	18	8	32500
Juin.	1	A Commission, vendu pour compte de Tollard...	18	3	16000
	29	A Heiberg, négocié 18,000 florins p. traite sur ledit.	20	10	40000
Juillet.	10	A Delaunay, reçu pour son compte...........	20	10	13000
	30	A Divers, pour le net produit de ma Traite......	21	0	6565
					691565

Fol. 1.

1815.		AVOIR.			
Janvier.	1	Par divers, pour le montant de mes Effets actifs..	2	0	203800
Octobre	1	Par profits et pertes, pour le profit net.........	24	3	39200
					243000

		AVOIR.			
Janvier.	1	Par Sucre, pour achat comptant...............	2	5	22500
	14	Par Leblanc, compté pour solde...............	3	6	200
	16	Par Fournier, compté pour son compte........	3	6	400
	24	Par Leblond, pour ma remise.................	5	7	7400
	25	Par Coulon, pour ma remise pour son compte....	5	7	3600
	28	Par Café, pour la 1/2 payée comptant...........	6	8	12000
Février.	2	Par Lettres et Billets à payer, acquit. une Traite.	7	2	5600
	2	Par Lettres et Billets à payer, acquit. une Traite.	7	2	6000
	2	Par Lettres et Billets à payer, acquit. une Traite.	8	2	5000
	4	Par Divers, acheté comptant les Marchandises....	8	0	49000
	12	Par Divers, pour la 1/2, payée comptant pour achat.	10	0	15500
	14	Par Lett. et Bill. à recev. c. pour un Eff. à 2 p. o/o.	10	2	9800
	18	Par Change, pris 4,000 marcs sur Hambourg.....	11	4	7680
	25	Par Dépenses générales, compté du 1er au 20 cour.	11	4	1200
	30	Par Dépenses domestiq. compté p. frais de ménag.	11	4	3400
Mars.	10	Par Effets à la grosse, donné à Séguin, à 50 p. o/o.	12	8	25000
	15	Par Assurances, compté pour somme assurée.....	12	4	20000
	28	Par Matières d'or et d'argent, acheté à 1/2.......	12	5	52500
Avril.	1	Par *idem.*, p. achat comptant de 1,000 souverains.	13	5	34000
	5	Par Divers, p. achat comptant de compte à tiers..	14	0	24000
	11	Par Divers, compté auxdits pour leur tiers......	15	0	20000
	12	Par Divers, acheté de compte à quart..........	16	0	68000
	19	Par Divers, compté auxdits pour leur quart.....	17	0	55125
Juin.	6	Par Commission, acheté pour compte de Roger..	18	3	16000
	20	Par Fortin, pour ma remise..................	19	10	35000
Août.	12	Par Divers, acheté comptant à 1/2 avec Perrier...	21	0	32000
Octobre	1	Par Balance, pour ce qui reste en caisse.........	25	11	160660
					691505

7

GRAND LIVRE A,

Fol. 2.

1815.

		DOIVENT,	MARCHANDISES			
Janvier.	1	A Capital, pour celles en magasin............	2	1	12400
Octobre	1	A Profits et pertes, pour solde et pour bénéfice..	23	3	1800
					14200

		DOIVENT,	LETTRES ET BILLETS			
Janvier.	1	A Capital, pour Effets en porte-feuille.........	1	1	11400
	26	A Germain, pour sa remise.................	5	7	4500
	27	A Germain, pour la remise pour son compte....	6	7	5600
	29	A Café, pour les deux tiers en son Effet.......	6	8	24000
Février.	14	A Divers, p. un Eff. de 10,000 f., escomp. à 2 p. o/o.	10	0	10000
					55500

		DOIVENT,	LETTRES ET BILLETS			
Février.	2	A Caisse, acquitté une Traite................	7	1	5600
	2	A Caisse, acquitté une Traite................	7	1	6000
	2	A Caisse, acquitté une Traite................	8	1	5000
Octobre	3	A Balance, pour mes Effets en circulation......	26	11	12000
					28600

Fol. 2.

1815.		GÉNÉRALES.	AVOIR.			
Janvier.	30	Par Caisse vendu comptant....................		7	1	11400
Octobre	1	Par Balance de sort. p. celles qui restent en magasin.		25	11	2800
						14200

		A RECEVOIR.	AVOIR.			
Février.	2	Par Caisse, encaissé la remise..............		7	1	4600
	2	Par Caisse, encaissé une remise.............		7		6800
	2	Par Caisse, encaissé une remise.............		8	1	4500
	2	Par Caisse, encaissé une remise.............		8	1	5600
	15	Par Divers, négocié un Effet à 2 pour o/o.......		10	0	10000
Octobre	1	Par Balance, p. solde et p. Eff. restans en porte-feuil.		20	11	24000
						55500

		A PAYER.	AVOIR.			
Janvier.	1	Par Capital, pour acceptation..............		2	1	5600
	22	Par Laurin, pour acceptation de sa Traite...,....		4	7	6000
	25	Par Jourdan, pour acceptation pour son compte.		5	7	5000
	28	Par Café, pour la 1/2 payée en mon effet........		6	8	12000
						28600

Fol. 3.

1815.		DOIVENT,	PROFITS ET			
Octobre	1	A Divers, pour nos pertes cette année.........	24	0	22600
Octobre	1	A Capital, pour le profit net et pour solde....	24	1	39200
					61800

		DOIT,	TOLLARD DE			
Octobre	1	A Balance, pour solde......................	26	11	15680

		DOIT,	ESCOMPTE.			
Février.	15	A Lett. et Bill. à recevoir p. perte à la négociation.	10	2	200
Octobre	1	A Profits et pertes, pour solde...............	23	3	65
					265

		DOIT,	COMMISSION.			
Juin.	1	A Tollard, vendu pour son compte...........	18	3	15680
	6	A Caisse, acheté pour compte de Royer.......	18	1	16000
Octobre	1	A Profits et pertes, pour solde...............	23	3	640
					32320

Fol. 3.

1815.			PERTES. Avoir.			
Mars.	3o		Par Matières d'or et d'arg., c. à 1/2 p. m n bénéfice.	13	5	25
Avril.	3		o, *idem*, pour ma 1/2, bénéfice à la vente.....	14	5	25o
	10		Par Matières d'or et d'arg., p. le 1/5 de mon bénéf.	15	»	2o2o
	16		Par Matières d'or et d'arg., p. le 1/4 de mon bénéf.	17	4	1375
Août.	24		Par Marchandises à 1/2 pour mon bénéfice.......	22	10	4000
Octobre	1		Par Divers, pour nos bénéfices cette année......	25	o	53925
						6180o

			MARSEILLE. Avoir.			
Juin.	1		Par Commission, vendu pour son compte......	18	3	1568o

			Avoir.			
Février.	14		Par Lettres et Billets à recev. p. escompte à 2 p. o/o.	10	2	200
Juillet.	3o		Par Caisse, pour bénéfice à la négociation.......	21	1	65
						265

			Avoir.			
Juin.	1		Par Caisse, vendu pour compte de Tollard.,....	18	1	16000
	6		Par Roger, acheté pour son compte..........	19	10	1632o
						5232o

Fol. 4.

1815.		Doivent, ASSURANCES.					
Mars.	15	A Caisse, compté à Breton, pour somme assurée..	12	1	20000		
		Doivent, DÉPENSES					
Février.	25	A Caisse, compté pour frais du 1er au 20.......	11	1	1200		
		Doivent, DÉPENSES					
Février.	30	A Caisse, compté pour frais de ménage..........	11	1	3400		
		Doit, COMPTE DE					
Février.	18	A Caisse, pris 4000 marcs sur Hambourg.......	11	1	7680		
Octobre	1	A Profits et pertes, pour solde et bénéfice.......	23	3	820		
					8500		
		Doivent, MATIÈRES D'OR ET D'ARG. DE					
Avril.	12	A Caisse, pour mon quart à l'achat.............	16	1	17000		
	16	A Profits et pertes, pour le 1/4 de mon bénéfice.	17	3	1375		
					18375		

Fol. 4.

1815.			Avoir.			
Février.	17	Par Caisse, reçu de Breton pour prime.........		11	1	2000
Octobre	1	Par Profits et pertes, pour solde..............		24	3	18000
						20000

		GÉNÉRALES.	Avoir.			
Octobre	1	Par Profits et pertes, pour solde..............		24	3	1200

		DOMESTIQUES.	Avoir.			
Octobre	1	Par Profits et pertes, pour solde..............		24	3	3400

		CHANGE.	Avoir.			
Mars.	5	Par Durand, ledit a négocié pour mon compte...		11	8	8500

		C. A QUART AVEC DEBRIE, etc.	Avoir.			
Avril.	16	Par Caisse, pour mon quart à la vente.........		17	2	18375

Fol. 5.

1815.		DOIVENT, MATIÈRES D'OR ET D'ARG. DE			
Mars.	28	A Caisse, pour achat de 10,000 piastres comptant.	12	1	52500
	30	A Divers, pour solde et pour bénéfice........	13	0	500
Avril.	1	A Caisse, pour achat comptant de 10,000 souverains.	13	1	34000
	3	A Divers, pour 1/2 à la vente et mon bénéfice....	14	0	17500
					104500

		DOIVENT, MATIÈRES D'OR ET D'ARG. DE			
Avril.	5	A Caisse, pour mon tiers à l'achat............	14	1	8000
Avril.	10	A Divers, pour leur tiers à la vente..........	15	0	22000
					30000

		DOIT, SUCRE.			
Janvier.	1	A Caisse, pour achat comptant.............	2	1	22500
Février.	4	A Caisse, pour 10 barriques achetées comptant...	9	1	15000
	12	A Divers, acheté 1/2 compt. 1/2 à 3 mois, 10 barriq.	10	0	15000
Octobre	1	A Profits et pertes, pour bénéfice et pour solde...	23	5	2500
					55000

		DOIT, STOR.			
Octobre	1	A Balance, pour solde.......................	27	11	1600

		DOIT, GODSON.			
Janvier.	8	A Vins, vendu à 3 mois....................	3	6	1800

Fol. 5.

1815.

COMPTE A DEMI AVEC DEBRIE. Avoir.

Mars.	30	Par Caisse, vendu comptant 10,000 piastres.....	12	1	53000
Avril.	1	Par Debrie, pour sa 1/2 à l'achat de 1000 souverains.	13	9	17000
	3	Par Caisse, vendu comptant 1000 souverains....	13	1	34500
					104500

C. A TIERS AV. DEBRIE et LEMOINE. Avoir

Avril.	10	Par Caisse, vendu comptant 2000 ducats.......	15	1	30000

Avoir.

Janvier.	6	Par Caisse, vendu comptant.................	3	1	24000
Février.	10	Par Caisse, vendu comptant 10 barriques.......	9	1	16000
Octobre	1	Par Balance, pour ce qui reste en magasin......	25	11	15000
					55000

Avoir.

Janvier.	5	Par Vins, pour achat à 3 mois................	2	6	1600

Avoir.

Octobre	1	Par Balance, pour solde.....................	25	11	1800

Fol. 6.

1815.		DOIVENT,	VINS.			
Janvier.	3	A Stor, pour achat, à 3 mois................		2	5	1600
Février.	4	A Caisse, pour 50 pièces achetées comptant......		8	1	10000
Octobre	1	A Profits et pertes, pour solde et bénéfice.......		23	3	700
						12300

		DOIT,	SOLLET.			
Octobre	1	A Balance, pour solde.....................		27	11	600

		DOIT,	FROGER, DE			
Octobre	1	A Balance, pour solde...................		27	11	300

		DOIT,	LEBLANC.			
Janvier.	14	A Caisse, compté pour solde................		3	1	200

		DOIT,	FOURNIER.			
Janvier.	16	A Caisse, compté pour son compte............		3	1	400

		DOIT,	BOVARD, DE			
Janvier.	18	A Hacot, qui a payé audit pour mon compte....		7	7	12000

Fol. 6.

1815.				AVOIR.			
Janvier.	8	Par Godson, vendu audit à trois mois.........			3	5	1800
Février.	10	Par Caisse, vendu comptant 50 pièces.........			9	1	10500
							12300

				AVOIR.			
Janvier.	10	Par Caisse, reçu en espèces..................			3	1	600

ROUEN.				AVOIR.			
Janvier.	12	Par Caisse, reçu pour compte dudit..........			3	1	300

				AVOIR.			
Octobre	1	Par Balance, pour solde.....................			25	11	200

				AVOIR.			
Octobre	1	Par Balance, pour solde.....................			25	11	400

MARSEILLE.				AVOIR.			
Janvier.	19	Par Ernest, qui a reçu dudit pour mon compte..			4	7	12000

Fol. 7.

1815.		DOIT,	HACOT, DE			
Janvier.	17	A Ernest, qui lui a compté pour mon compte...		3	7	8000
Octobre	1	A Balance, pour solde.......................		27	11	4000
						12000

		DOIT,	ERNEST, DE			
Janvier.	19	A Bovard, qui a compté audit pour mon compte..		4	6	12000

		DOIT,	LAURIN, DE			
Janvier.	22	A Lettres et Billets à payer pour acceptation.....		4	2	6000

		DOIT,	JOURDAN, DE			
Janvier.	23	A Lettres et Billets à payer p. accept. p. son compte.		5	2	5000

		DOIT,	LEBLOND, DE			
Janvier.	24	A Caisse, pour ma remise....................		5	1	7400

		DOIT,	COULON, DE			
Janvier.	25	A Caisse, pour ma remise pour son compte.....		5	1	3600

		DOIT,	GERMAIN, DE			
Octobre	1	A Balance, pour solde.......................		27	11	10100

Fol. 7.

1815.

		LYON.	Avoir.			
Janvier.	18	Par Bovard , qui a reçu dudit pour mon compte..		4	6	12000

		BORDEAUX.	Avoir.			
Janvier.	17	Par Hacot , qui a reçu dudit pour mon compte...		3	7	8000
Octobre	1	Par Balance, pour solde.....................		25	11	4000
						12000

		ROUEN.	Avoir.			
Janvier.	20	Par Caisse, pour ma traite sur ledit...........		4	1	6000

		LYON.	Avoir.			
Janvier.	21	Par Caisse , pour ma traite pour son compte.....		4	1	5000

		MARSEILLE.	Avoir.			
Octobre	1	Par Balance , pour solde.....................		25	11	7400

		BORDEAUX.	Avoir.			
Octobre	1	Par Balance , pour solde.....................		25	11	3600

		BAYONNE.	Avoir.			
Janvier.	26	Par Lettres et Billets à recevoir pour sa remise...		5	2	4500
	27	Par Lett. et Billets à recev. p. la rem. p. son compte.		6	2	5600
						10100

Fol. 8.

1815.					
	Doit,	CAFÉ.			
Janvier.	28	A Divers, acheté 1/2 comptant, 1/2 mon Effet....	6	0	24000
Février.	12	A Divers, acheté 1/2 compt. 1/2 à 3 mois 10 barriq.	9	0	16000
Octobre	1	A Profits et pertes, pour bénéfice et pour solde..	23	3	12000
					52000
	Doit,	DEPREZ.			
Octobre	1	A Balance, pour solde......................	27	11	15500
	Doit,	DURAND, DE			
Mars.	5	A Change, ledit a négocié pour mon compte.....	11	4	8500
	Doivent,	EFFETS A			
Mars.	10	A Caisse, donné à Seguin à la grosse aventure...	12	1	25000
Octobre	1	A Profits et pertes, pour solde et pour bénéfice..	23	3	7500
					52500
	Doit,	DUPERRON, DE			
Mars.	20	A lui-même, ledit a acheté pour mon compte....	12	8	25000
Octobre	1	A Profits et pertes, pour solde et pour bénéfice...	23	3	5000
					30000
	Doit,	DUPERRON, DE			
Mai.	26	A lui-même, mon compte pour vente.........	18	8	30000

Fol. 8.

1815.					
		AVOIR.			
Janvier.	29	Par Divers, vendu à Degosse 20 barriques......	6	0	36000
Octobre	1	Par Balance, pour ce qui reste en magasin......	26	11	16000
					52000

		AVOIR.			
Février.	12	Par Divers, pour la 1/2 payable à 3 mois........	10	0	15500

		BAYONNE. AVOIR.			
Octobre	1	Par Balance, pour solde.....................	26	11	8500

		LA GROSSE. AVOIR.			
Mai.	15	Par Caisse, reçu pour capital et intérêts........	18	1	32500

		BORDEAUX, M./C. AVOIR.			
Mai.	26	Par lui-même, ledit a vendu pour mon compte...	18	8	30000

		BORDEAUX. AVOIR.			
Mars.	20	Par lui-même mon compte, pour achat........	12	8	25000
Octobre	1	Par Balance.,..................................	26	11	5000
					30000

Fol. 9.

1815.

		Doit,	DÉBRIE.			
Mars.	28	A lui-même, son compte à 1/2 pour sa 1/2 de l'ach.		12	9	26250
Avril.	1	A Matières d'or et d'arg. à 1/2 pour sa 1/2 à l'achat.		13	5	17000
	5	A Caisse, pour son tiers à l'achat de 2000 ducats..		14	1	8000
	11	A Caisse, compté audit pour son tiers...........		15	1	10000
	12	A Caisse, pour son quart à l'achat.............		16	1	17000
	19	A Caisse, compté audit pour son quart.........		18	1	18375
Octobre	1	A Balance, pour solde....................		27	11	500
						97125

		Doit,	DEBRIE, S./C.			
Mars.	30	A lui-même, son compte cour. p. sa 1/2 à la vente.		13	9	26500

		Doit,	LEMOINE.			
Avril.	5	A Caisse, pour son tiers à l'achat de 2000 ducats.		14	1	8000
	11	A Caisse, compté audit pour son tiers.........		15	1	10000
	12	A Caisse, pour son quart à l'achat.............		16	1	17000
	19	A Caisse, compté audit pour son quart.........		18	1	18375
						53375

		Doit,	PERRIER.			
Avril.	12	A Caisse, pour son quart à l'achat.............		16	1	17000
	19	A Caisse, compté audit pour son quart.........		18	1	18375
Août.	12	A Caisse, pour sa moitié à l'achat.............		21	1	16000
	24	A Marchandises à 1/2, pour ma moitié à la vente..		22	10	20000
						71375

Fol. 9.

		Avoir.			
Mars.	30	Par lui-même, son compte à 1/2 p. sa 1/2 à la vente.	13	9	26500
Avril.	3	Par Matières d'or et d'argent pour sa 1/2 à la-vente.	14	5	17250
	8	Par Caisse, reçu pour son tiers à l'achat........	14	1	8000
	10	Par Mat. d'or et d'arg. à tiers p. son tiers à la vente.	15	5	10000
	14	Par Caisse, reçu pour son quart à l'achat........	16	1	17000
	16	Par Caisse, pour son quart à la vente..........	17	1	18375
					97125

A DEMI.   Avoir.

Mars.	28	Par lui-même, son compte cour. p. sa 1/2 à l'achat.	12	9	26250
	30	Par Matières d'or et d'argent à 1/2 pour solde....	15	5	250
					26500

		Avoir.			
Avril.	8	Par Caisse, reçu pour son tiers à l'achat........	15	1	8000
	10	Par Mat. d'or et d'arg. à tiers p. son tiers à la vente.	15	5	10000
	14	Par Caisse, reçu pour son quart à l'achat........	6	1	17000
	16	Par Caisse, pour son quart à la vente..........	17	1	18375
					53375

		Avoir.			
Avril.	14	Par Caisse, reçu pour son quart à l'achat........	16	1	17000
	16	Par Caisse, pour son quart à la vente..........	17	1	18375
Octobre	1	Par Balance, pour solde....................	26	11	36000
					71375

8

Fol. 10.

1815.		Doit, ROGER, DE			
Juin.	6	A Commission, acheté pour son compte........	19	3	16320

		Doit, CARGAISON DU			
Juin.	11	A Fortin, ledit a expédié pour mon compte.....	19	10	80000
Octobre	1	A Profits et pertes, pour bénéfice et pour solde...	23	3	20000
					100000

		Doit, FORTIN, DE			
Iulu	18	A Heibert, pour sa Traite sur ledit............	19	10	40000
	20	A Caisse, pour ma remise audit..............	19	1	35000
Octobre	1	A Balance, pour solde.....................	27	11	5000
					80000

		Doit; HEIBERT,			
Juillet.	20	A Cargaison du Navire le Hope, p. vente p. m./c.	20	10	100000

		Doit, DELAUNAY, DE			
Juillet.	26	A Heibert, pour sa Traite sur ledit...........	20	10	13000
Octobre	1	A Balance, pour solde.....................	27	11	6500
					19500

		Doivent, MARCH. EN PART. DE COMPTE			
Août.	12	A Caisse, pour ma moitié à l'achat...........	21	1	16000
	24	A Profits et pertes, pour la 1/2 de mon bénéfice..	22	3	4000
					20000

Fol. 10.

1805.		BORDEAUX.	Avoir.			
Octobre	1	Par Balance , pour solde.....................		26	11	16320

		NAVIRE LE HOPE.	Avoir.			
Juillet.	20	Par Heilbert , ledit a vendu pour mon compte....		20	10	100000

		BORDEAUX.	Avoir.			
Juin.	11	Par Cargaison du Navire le Hope..............		19	10	80000

		D'AMSTERDAM.	Avoir.			
Juin.	18	Par Fortin, pour Traite sur ledit.............		19	10	40000
	29	Par Caisse, négocie 18,000 florins tirés sur ledit..		20	1	40000
Juillet.	26	Par Delaunay, pour sa Traite sur ledit.........		20	10	13000
Octobre	1	Par Balance, pour solde.....................		26	11	7000
						100000

		BORDEAUX.	Avoir.			
Juillet.	10	Par Caisse, reçu pour son compte..............		20	1	13000
	30	Par Caisse, pour ma Traite sur ledit...........		21	1	6500
						19500

		A DEMI AVEC PERRIER.	Avoir.			
Août.	24	Par Perrier, pour ma moitié à la vente........		22	9	20000

Fol. 11.

1815.		DOIT, AUGER, SON COMPTE			
Août.	28	A lui-même, pour ma 1/2 pour l'achat.........	22	11	12000
Octobre	1	A Profits et pertes, pour solde...............	23	3	500
					12500

		DOIT, AUGER.			
Septem.	15	A lui-même, son compte à 1/2 pour ma 1/2 à la v.	22	11	12500

		DOIT, LAINE.			
Février.	4	A Caisse, pour 12 balles achetées comptant.....	9	1	24000
Octobre	1	A Profits et pertes, pour solde...............	23	3	2400
					26400

		DOIT, BALANCE DE			
Octobre	1	A Caisse, pour ce qui reste en espèces.........	25	1	160660
		A Marchandises génér. pour ce qui reste en magasin.	25	2	2800
		A Lett. et Bill. à recev. p. Eff. restans en porte-feuil.	25	2	24000
		A Sucre, pour ce qui reste en magasin...........	25	5	15000
		A Godson, pour somme dont il reste débiteur..	25	5	1800
		A Leblanc, pour *idem*......................	25	6	200
		A Fournier, pour *idem*....................	25	6	400
		A Ernest, pour *idem*......................	25	7	4000
		A Leblond, de Marseille, pour *idem*.........	25	7	7400
		A Coulon de Bordeaux, pour *idem*...........	25	7	5600
		A Durand, de Bayonne, pour *idem*..........	25	8	8500
		A Duperron, de Bordeaux, pour *idem*........	26	8	5000
		A Perrier, pour *idem*......................	26	9	36000
		A Roger, de Bordeaux, pour *idem*...........	26	10	16320
		A Hcibert, d'Amsterdam, pour *idem*.........	26	10	7000
		A Auger, pour *idem*......................	26	11	500
		A Café, pour ce qui reste en magasin..........	26	8	16000
					309180

Fol. 11.

1815.		A DEMI.	Avoir.			
Septem.	15	Par lui-même, pour ma 1/2 à la vente.........	22	11	12500

			Avoir.			
Août.	28	Par lui-même, son compte à 1/2 p. ma 1/2 à l'achat.	22	11	12000
Octobre	1	Par Balance, pour solde.....................	26	11	500
						12500

			Avoir.			
Février.	10	Par Caisse, pour vente comptant de 12 balles....	9	1	26400

		SORTIE.	Avoir.			
Octobre	1	Par Lettres et Billets à payer pour Effets en circulat.	26	2	12000
		Par Tollard, pour somme dont il reste créditeur..	26	3	15680
		Par Stor, pour solde, *idem*...................	27	5	1600
		Par Sollet, *idem*...........................	27	6	600
		Par Froger, *idem*...........................	27	6	300
		Par Hacot, de Lyon, *idem*...................	27	7	4000
		Par Germain, de Bayonne, *idem*.............	27	7	10100
		Par Déprez, *idem*...........................	27	8	15500
		Par Debrie, *idem*...........................	27	9	500
		Par Fortin, de Bordeaux, *idem*...............	27	10	5000
		Par Delaunay, de Bordeaux, *idem*............	27	10	6500
		Par Capital, pour solde et pour Capital net......	26	a	237400
						369180

118

GRAND-LIVRE B,

Fol. 1.

1815.

		DOIT,	BALANCE			
Octobre	1	A Lettres et Billets à payer pour Effets en circulat.	29	2	12000
		A Tollard, pour somme dont il reste créditeur...	29	3	15680
		A Stor, pour solde, *idem*..................	29	5	1600
		A Sollet, *idem*..........................	29	6	600
		A Froger, *idem*.........................	29	6	300
		A Hacot, de Lyon, *idem*................	29	7	4000
		A Germain, de Bayonne..................	29	7	10100
		A Déprez, *idem*.........................	29	8	15500
		A Debrie, *idem*.........................	29	9	500
		A Fortin, de Bordeaux, *idem*...........	29	10	5000
		A Delaunay, de Bordeaux, *idem*.........	29	10	6500
		A Capital, pour solde et pour capital net.......	29	1	237400
					309180

Fol. 1.

1815.	D'ENTRÉE.	Avoir.			
Octobre	1 Par Caisse pour ce qui reste en espèces.........	27	1	160060
	Par Marchandises génér. p. ce qui reste en magasin.	27	2	2800
	Par Lett. et Bill. à recev. p. Eff. restans en portefeuil.	28	2	24000
	Par Sucre, pour ce qui reste en magasin.........	28	5	15000
	Par Godson, pour somme dont il reste débiteur..	28	5	180
	Par Leblanc, pour *idem*....................	28	6	200
	Par Fournier, pour *idem*..................	28	6	400
	Par Ernest, pour *idem*....................	28	7	4000
	Par Leblond, de Marseille, pour *idem*.........	28	7	740
	Par Coulon, de Bordeaux, pour *idem*.........	28	7	3600
	Par Durand, de Bayonne, pour *idem*.........	28	8	850
	Par Duperron, de Bordeaux, pour *idem*........	28	8	5000
	Par Perrier, pour *idem*......,..........	28	9	36000
	Par Roger, de Bordeaux, pour *idem*.........	28	10	1632
	Par Heibert, d'Amsterdam, pour *idem*.........	28	10	700
	Par Auger, pour *idem*....................	28	11	50
	Par Café, pour ce qui reste en magasin.........	28	8	1600
				09180

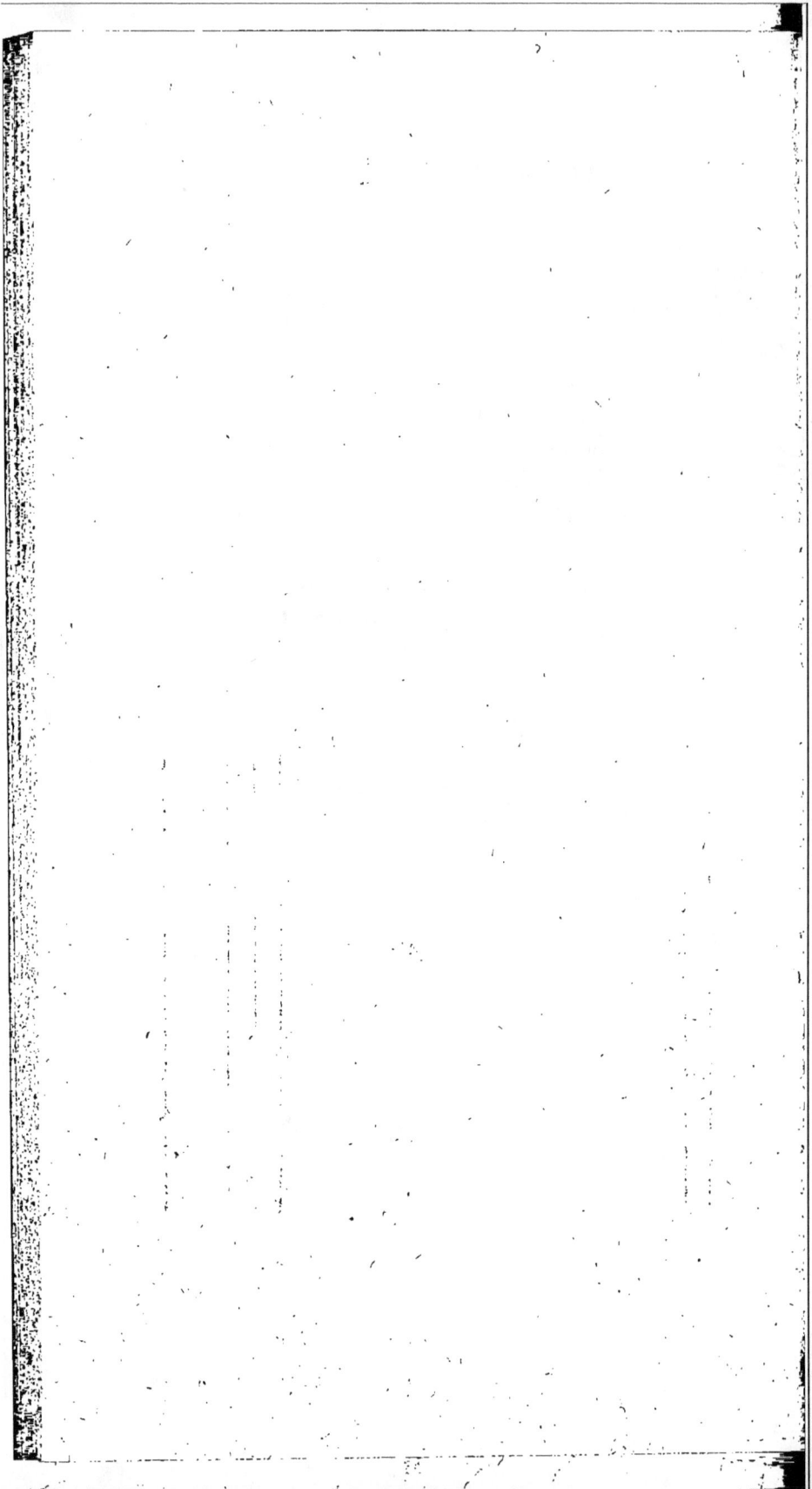

MÉTHODE

THÉORIQUE ET PRATIQUE,

POUR

LES PARTIES DOUBLES,

OBSERVATIONS, DÉMONSTRATIONS ET APPLICATIONS
DES PRINCIPES.

---

*Manière de trouver le Débiteur et le Créancier,
et de passer les articles du Brouillard au
Journal.*

(1) CHAQUE article du Brouillard porte un numéro; on le trouve sous ce même numéro au Journal et dans la Méthode, afin de faciliter les recherches et l'instruction.

Lorsque l'on n'a point encore de livres, si l'on veut en établir, il faut dresser un inventaire; pour y parvenir, on examine l'argent en Caisse, les effets en Porte-feuille, les marchandises en magasin, les dettes actives, ce que l'on possède en meubles, immeubles, etc.

Pour passer écriture au Journal de cette première situation, il faut se servir du compte de Capital. Le crédit de ce compte marque les effets que le Chef ou le Négociant possède, et le débit tout ce qu'il doit sans exception.

Il faut observer que le négociant peut être représenté spécifiquement par toutes les portions de son actif; par la même raison, il peut être représenté génériquement par l'ensemble de ces mêmes parties.

Toutes les fois que l'on a action contre quelqu'un, on est actif à son égard, et conséquemment ce quelqu'un est passif. La cause devant précéder l'effet, l'actif doit précéder le passif. Les objets ayant une valeur, un prix, les dettes peuvent se contracter pour tout ce qui est vénal; et comme elles sont des êtres abstraits, elles peuvent représenter le négociant dans un sens figuré. Si l'on a plusieurs Débiteurs et Créanciers, on les comprend sous l'expression collective de dettes actives et passives. Ce principe reçu, celui qui veut particulariser ses comptes, peut l'étendre à tout ce qui compose son négoce, et s'il est représenté par ses dettes actives et passives, il peut l'être par tous les effets naturels, comme argent, marchandises, lettres et billets, etc., et le tout compose son actif et son passif.

Dans les différentes mutations, les choses qui en sont le sujet représentent activement et passivement le Négociant; par exemple , si ce Négociant achète des marchandises pour de l'argent, devenant actif pour cette marchandise , il devient passif par rapport à l'argent qu'il donne ; mais comme les deux extrêmes se neutralisent , il n'est Créancier ou Débiteur de lui-même , qu'en raison de la valeur que la marchandise aura au-dessus ou au-dessous de son prix. Ainsi , rapportant tout à ce principe que tout ce que nous avons ou devons à l'encontre est dette, on dira dans cette hypothèse : Marchandise doit à Caisse. La plupart des Négocians suppriment dans l'équation le mot *doit* et se contentent de le sous-entendre. Les objets abstraits , comme les Comptes de Commissions, Frais Généraux , Profits et Pertes, ne représentent point le Négociant; ce sont des comptes inventés pour balancer la partie active ou passive qui y correspond. Ils n'expriment par leurs titres aucuns effets en nature , ni le nom d'aucune personne ; ils servent à faire voir au Chef ou Négociant les particularités de ses affaires, où personne n'a aucune part, comme son Fonds ou Capital , les Profits et les Pertes , la Dépense qu'il fait, les Provisions , les Assurances, tout ce qui peut augmenter ou diminuer son Capital, ce qui le concerne individuellement:

Pour suivre l'usage , nous appellerons donc Capital , le compte qui représente l'actif et le passif du Négociant. Lorsque l'on commence des Livres,

il est indispensable d'ouvrir un compte à Capital,
si l'on débute avec un moyen personnel ; dans le
cas contraire on peut s'en passer ; mais il est utile
d'ouvrir toujours un pareil compte, pour voir
d'un coup d'œil, et sans recherche pénible, quel
étoit le moyen commercial primitif. On doit remarquer ici que si les parties représentent le Négociant, l'ensemble doit nécessairement le représenter, ce qui est fondé sur cet axiome : *le tout
doit suivre la loi de ses parties, et les parties doivent suivre la loi du tout.* L'axiome suivant démontre en deux mots la Balance en parties doubles ; *toutes les Parties prises ensemble égalent le
tout et le tout égale l'ensemble de ses Parties.*

Tenir des livres de compte à parties doubles,
c'est une Science qui a pour objet de noter mé-
thodiquement toutes sortes de négociations, afin
d'en former des comptes par débit et crédit, par
lesquels on puisse avoir en tout temps une parfaite connoissance de toutes les affaires que l'on a
faites. On connoît par ces comptes ce que l'on nous
doit et ce que nous devons, les effets de toute
nature qui sont entrés et sortis; ce qu'on a acheté,
vendu, reçu et payé, retiré et envoyé ou fourni,
tiré et remis, emprunté et prêté, perdu, gagné et
dépensé; les meubles et immeubles, les marchandises que l'on a, tant en ses mains qu'en celles
d'autrui ; et généralement tous effets qui restent
en nature, et qui appartiennent à celui pour qui

les livres sont tenus. Cette méthode, pour être bien exécutée, exige l'emploi de plusieurs livres. On se sert ordinairement de trois régistres principaux, et de plusieurs livres particuliers que l'on nomme auxiliaires, et que l'on admet selon que les affaires le requièrent. Les trois livres principaux sont : 1°. le Mémorial ou Brouillard, 2°. le Journal, 3°. le Grand-Livre ou l'Extrait, appelé aussi Livre de raison, avec son Alphabet ou Répertoire. Les livres auxiliaires sont le livre de Caisse, le livre des Echéances ou des Payemens à faire et à recevoir, lequel peut aussi comprendre les Acceptations, le livre des Numéros, celui des Factures, celui des Comptes-Courans, celui des Commissions, Ordres et Avis; le livre des Acceptations, si l'on veut le tenir séparément ; le livre des Traites et remises, celui des Dépenses, celui des Copies de Lettres, celui des Ouvriers, le livre de Banque, lorsqu'il y en a, le livre des Vaisseaux et autres, selon le besoin et les affaires. Les trois livres principaux sont ordinairement employés par tous les Négocians, mais à l'égard de ceux d'aide ou auxiliaires, chacun n'en emploie qu'autant que son commerce l'exige : ainsi le Marchand se sert de quelques-uns, comme celui de numéro et celui des Ouvriers dont le Banquier n'a pas besoin; et de même celui qui fait la Banque, en emploie qui sont inutiles à celui qui ne fait que le Commerce des Marchandises.

Le Mémorial ou Brouillard étoit appelé par les

Romains *adversaria*; le nom de ce Livre fait connoître que son emploi est de servir de mémoire ;
ainsi l'on y note généralement toutes les affaires
dans l'instant et à mesure qu'elles se font ; on doit
les écrire le plus nettement possible, c'est-à-dire ,
sans ratures, ni radiations ; car en cas de différent,
c'est d'ordinaire à ce livre qu'on s'en rapporte,
lorsque le Livre-Journal paroît équivoque , parce
qu'il est l'origine des autres livres. On s'en rapporte aussi au Brouillard quand il n'existe point de
Journal; mais comme ce premier Livre ne peut
point être tenu aussi proprement qu'on le désire ,
il faut, s'il y a un Journal, représenter l'un et
l'autre , pour mieux justifier de ses prétentions.

On peut s'en servir de deux manières : 1°. d'un
Mémorial entier qui contienne généralement toutes
les affaires , 2°. d'un Mémorial divisé en plusieurs
parties. On peut distinguer deux méthodes pour
tenir le Mémorial; la première en forme de Mémoi-
res , en notant simplement les négociations, les articles, comme acheté de Durand , vendu à Fournier , telle chose; payé à Gourlier, ou reçu de
Pernot , pour telle chose, etc.; afin de dresser sur
ce Mémorial un Journal en forme. La seconde
méthode est de le tenir régulièrement en forme
de Journal, en débitant et créditant ceux qui doivent l'être, et observant l'ordre prescrit pour le
Journal. Ce dernier Mémorial est plus commode
que le premier, soit pour en faire un Journal au

net, car alors il n'y a qu'à en faire copier les articles ; soit pour s'en servir au lieu de Journal ,
comme font plusieurs personnes qui, par ce moyen,
s'exemptent de le faire transcrire au net ; ce dernier procédé est très-incorrect, parce qu'il est
plein de ratures et de radiations qui brouillent les
idées , de sorte que le Négociant lui-même peut à
peine se reconnaître au bout d'un certain temps.
Les Romains en sentirent l'inconvénient, et ils le
rejetoient comme n'étant pas le livre prescrit par
la loi; ils n'admettoient que ce *codex* que nous
appelons Journal.

Le Journal se nomme ainsi parce que l'on y écrit
jour par jour les affaires que l'on fait. On ne peut
dire que ce Livre soit la base et le fondement des
autres livres, il n'est que la conséquence, le résultat des livres auxiliaires qui présentent les données, et le Grand-Livre est l'extrait du Journal.

C'est à la vérité du Journal que dépend l'ordre
absolument nécessaire à un Négociant qui veut connoître ses affaires et les bien conduire , puisqu'il
est vrai qu'il présente toutes ses opérations : il est
donc indispensable de le tenir exactement et d'y
observer les principes que nous démontrons et les
règles que nous prescrivons. La bonne comptabilité est la boussole du Banquier et du Négociant.

L'ordre et la bonne tenue des écritures sont
le premier des devoirs du Banquier, du Négociant
et de l'Administrateur, puisque ce devoir prépare,

facilite et assure l'accomplissement de tous les autres. Nous faisons dans cette instruction l'application des principes de la comptabilité aux opérations
générales de la Banque et du Commerce de terre et
de mer ; nous démontrons que la méthode des écritures en parties doubles est , en effet, la plus exacte, en ce qu'elle peut seule tout définir avec justesse, tout décrire avec précision , rattacher chaque effet à sa cause, et faire ressortir des rapports,
et de la comparaison des divers comptes qui marchent tous d'un pas égal , un solde , précédé en
quelque sorte des preuves de son exactitude.

Les principes de la tenue des livres sont simples :
*Décrire tout ce qui se fait, et rien que ce qui se
fait ; ne faire aucune écriture sans établir le
compte des deux agens de l'opération.* Cette dernière condition n'est pas une formule oiseuse : chaque fait, en comptabilité, est nécessairement com-
posé ; chaque fait met deux intérêts en opposition :
le même fait qui dégage l'un, oblige l'autre ; et
c'est parce que la comptabilité en parties-doubles
conserve dans son texte même cette opposition
inhérente à tout fait de comptabilité , qu'elle est
seule complète , seule douée de la faculté d'avoir
prouvé son exactitude au raisonnement, avant de
l'avoir démontrée aux yeux, pour le matériel des
pièces comptables. Puisqu'en comptabilité, quelle
qu'en soit la forme, chaque fait qui oblige l'un
dégage l'autre , il est aisé d'expliquer pourquoi et

comment, dans chaque opération, la comptabilité, *en parties doubles*, doit nécessairement indiquer un *Créancier* et un *Débiteur*.

Celui qui doit, reçoit ou a reçu, est débiteur.
Celui à qui il est dû, qui paie ou a payé, est créan-
cier.

Le Journal comprend la traduction en parties
doubles des opérations habituelles des Négocians,
c'est-à-dire, l'indication du Débiteur et du Créancier qui doivent résulter de chaque opération.

La forme ordinaire du Journal est un in-folio,
réglé d'une ligne à la marge et de deux à l'endroit
où l'on doit porter les sommes. Il doit être tenu
proprement; le style doit être concis et clair, n'o-
mettant aucune circonstance nécessaire et évitant
l'inutile; on doit écrire, lorsqu'il n'y a pas de Brouillard, les articles à mesure qu'ils arrivent, en débitant ceux qui doivent, et créditant ceux à qui il
est dû, afin d'indiquer ceux qu'il faut débiter ou
créditer dans le Grand Livre.

Comme chaque article que l'on veut écrire dans
le Journal doit contenir un Débiteur et un Créancier, on observera pour les trouver les maximes
suivantes:

Tout ce qui est ma propriété, tout ce qui entre
en mon pouvoir ou sous ma discrétion, est débiteur ou doit.

Tout ce qui sort de ma propriété, hors de mon

9

pouvoir, ou hors de ma direction, est créancier et se porte à l'avoir du compte ouvert pour cet objet au Grand-Livre.

Celui à qui ou pour compte de qui on paie, on envoie, on fournit, ou on remet, est Débiteur.

Celui de qui, ou pour compte de qui on reçoit, qui envoie, qui fournit ou qui remet, est Créancier.

On indique les principes suivans pour former les articles dans le Journal, ils doivent être composés de huit parties; savoir : 1°. la date, 2°. le Débiteur, 3°. le Créancier, 4°. la somme, 5°. la quantité et la qualité, 6°. l'action et comment elle est payable, 7°. le prix, 8°. la livraison. Dans tous les articles les quatre premières parties sont invariables, mais pour les achats et ventes, il vaut mieux mettre la sixième partie qui est l'action à la cinquième place, et la cinquième partie, qui est la quantité et la qualité, à la sixième place, à cause des factures qui composent ordinairement la quantité, lesquelles factures sont ainsi placées plus commodément. La méthode pour former les articles dans le Journal peut être ainsi établie : 1°. on portera la date dans la place qui lui est destinée, 2°. on cherchera le Débiteur, en examinant ce qui est la propriété active, et on le posera au commencement de l'article, 3°. on cherchera le Créancier, en examinant ce qui est la propriété passive.

A un article où il n'entre rien, on examinera ce

qui sort, et ce sera le Créancier, et celui qui reçoit ce qui sort, sera le Débiteur.

A un article où il ne sort aucun objet du commerce, il faut examiner ce qui entre, et ce sera le Débiteur ; et celui qui fournit la chose qui entre, sera le Créancier, 4°. après le Créancier, on posera la somme à laquelle monte l'article, 5°. on expliquera ce qu'on a fait ou la nature de l'action, comme acheté ou vendu, tiré, remis, prêté, emprunté, escompté, négocié, etc., quand ou comment l'article est payable, 6°. la livraison, 7°. on portera au commencement d'une nouvelle ligne la quantité et la qualité.

Nota. Quel que soit le mode d'écriture qu'un Négociant ait adopté, il faut lorsqu'il a des Livres auxiliaires, ne présenter sur le Journal que les principales circonstances, surtout lorsqu'il est question de vente ou d'achat; ne point oublier d'énoncer si la livraison lui a été faite, ou s'il a donné la marchandise, ou bien encore, quand l'un ou l'autre devra se faire ; si l'on n'a pas de Livres auxiliaires, il faut, dans l'article que l'on passe, entrer dans tous les détails que comporteroit un Livre *ad hoc.*

8.° On portera le prix au bout de la ligne, près de la somme totale, laquelle on tire ensuite dans les lignes.

Pour l'application de ces règles, nous allons donner un exemple de notre Journal (N°. 4).

Exemple d'une vente de Marchandises qui nous ont été payées comptant :

1. La date. . . . . Le 6 janvier 1815.
2. Le Débiteur. . . . . Caisse , doit.
3. Le Créancier. . . . . . . A Sucre.
4. La somme. . . . . Fr. = 24,000.
5. L'action et com. payable. Vendu comptant à Lemoine.
6. La livraison. . . . . Et livré.
7. La quantité et qualité. . . 10 barriques, sucre de Hambourg, pesant net 15,000 l.
8. Le prix. . . . . A 160 fr. le o/o.

On a coutume, pour abréger, de retrancher de la deuxième partie le mot *doit*, parce qu'en disant *Caisse à Sucre*, le mot *doit* est sous-entendu; on pourrait encore supprimer entièrement la quatrième partie qui exprime seulement la somme, parce qu'étant tirée en ligne à la fin de l'article, il n'est pas tout-à-fait nécessaire de la mettre encore à la quatrième partie ; cependant il est d'usage de le faire, parce qu'un chiffre peut être mal formé dans la première, ou porté d'une manière erronée ; dans le premier cas, la somme régulière explique la somme irrégulière, et dans le second, la disparité des sommes rappelle l'attention du Teneur de Livres.

Par rapport aux Lettres de Change, les quatre premières parties suivent toujours les principes, et se mettent toujours dans l'ordre marqué. La cinquième partie qui est la quantité et la qualité, est la somme des espèces portées par la Lettre de Change, et le prix de ces espèces, s'il est exprimé dans la Lettre; sinon, on le met à la septième partie. Pour la sixième partie qui est *l'action et comment payable*, on marque, aux Traites, sur qui on tire, quel jour, quand et à qui payable, et en quoi est la valeur; aux remises on indique en lettres de qui l'on remet, de quel jour, quand payable et sur qui. La septième partie est le prix du Change, s'il n'est pas exprimé dans la Lettre; car lorsqu'il l'est, il se trouve à la cinquième partie. Aux articles d'affaires étrangères, pour notre compte, il faut, après la dernière partie, mettre la somme de la monnaie étrangère à laquelle ils montent.

On doit observer que dans le Journal, l'entrée et la sortie des effets forment quatre sortes d'articles; 1.° ou il entre et sort quelque chose comme lorsqu'on achète des Marchandises, et qu'on les paie comptant; car alors il entre des Marchandises et il sort de l'argent; ainsi dans ce cas, ce qui entre *doit*, et ce qui sort est Créancier; et on dit : *Marchandises générales doivent à Caisse;* 2.° ou il entre quelque chose et ne sort rien, comme lorsque l'on achète des Marchandises à terme, ou que l'on reçoit paiement de quelqu'un, alors ce qui entre *doit*, et celui qui fournit ou qui paie ce qui entre, est Créancier; on dit au Journal : *Marchandises générales à tel, et Caisse à tel;* 3.° ou il n'entre rien et sort quelque chose, comme quand on vend des Marchandises à terme, ou quand on paie à quelqu'un; dans ce cas, ce qui sort ou ce que l'on paie est Créancier, et celui qui reçoit ce qui sort est Débiteur; 4.° ou il n'entre rien et ne sort rien, comme lorsqu'un Correspondant tire pour mon compte sur un autre, ou qu'il lui remet; alors celui qui reçoit pour moi est Débiteur, et celui qui fournit pour mon compte est Créancier. Dans ce dernier cas il n'entre aucun effet directement chez moi, et il ne sort rien; cependant, comme celui à qui l'on remet reçoit un effet qu'il doit tenir à ma disposition, et qui par conséquent entre dans ma propriété, et que celui qui remet envoie un effet qui sort de sa propriété pour la faire passer dans la mienne, il devient Créancier; ainsi, en appliquant ces principes, qu'il y a propriété active et passive, celui qui reçoit pour moi est Débiteur de ce qui entre sous lui, et celui qui l'envoie est Créancier de ce qu'il fournit.

C'est une règle constante qu'une chose entrée dans ma propriété sous une dénomination, doit en sortir sous la même dénomination; ce qui est nécessaire, afin que l'on puisse déterminer la situation de chaque compte, et le solder. Comme dans les affaires ordinaires de négoce, il ne peut entrer et sortir que trois sortes d'effets, qui sont Argent comptant, Marchandises et Papiers de crédit, et que chacun de ces effets a un compte particulier;

il s'en suit que, lorsqu'un de ces effets entre, le compte qui le représente en est Débiteur, et le sujet qui le produit est Créancier, et que, lorsqu'il sort quelqu'un de ces effets, le compte qui le représente en est Créancier, et le sujet pour qui on le fournit est Débiteur; car c'est une règle générale, que pour chaque effet qui entre, on en débite, ou l'on en charge quelque compte, lequel en doit être déchargé ou crédité lors de la sortie, parce que les choses qui sont le sujet des différentes mutations représentent activement et passivement le Négociant.

Ainsi s'il entre de l'argent, la Caisse qui est le compte ouvert pour l'argent comptant est Débitrice, et s'il en sort, elle est Créditrice. S'il entre des Marchandises, elles *doivent*; et s'il en sort, elles sont Créancières. S'il entre des Lettres et Billets de Change que je garde à ma disposition, le compte de Change *doit*, et s'il en sort, il est Créancier.

Un Négociant se débite de tout ce qu'il reçoit, et se crédite de tout ce qu'il donne; lorsqu'un compte général est débiteur, c'est le Négociant qui doit, et lorsqu'il est créancier, c'est qu'un ou plusieurs comptes lui doivent. Les comptes généraux représentent le Négociant.

L'application des principes ci-dessus est facile à entendre en comparant les articles correspondans du Journal et du Brouillard qui portent le même

numéro, ainsi que les observations de la Méthode
Théori-pratique. Ce procédé servira à les démontrer; en s'exerçant à passer les articles du Brouillard
au Journal, on se perfectionnera dans la science de
la Tenue des Livres, et l'on apprendra à bien établir la comptabilité.

Dans le premier article du Journal, nous créditons Capital ou le Chef de ce qu'il possède, et
nous débitons le compte ouvert à chaque effet qu'il
a en sa propriété. Cet article indique l'actif du
Négociant.

Dans le second article du Journal, nous débitons Capital ou le Chef du montant des effets qu'il
a acceptés, ce qui indique son passif.

Total actif. . . . . . . 203800 fr.
Total passif. 5600
Capital net. 198200

(2) L'article sous ce numéro représente un achat
comptant, on débite la Marchandise que l'on reçoit à Caisse qui donne; voulant ouvrir un compte
particulier à Sucre, je l'ai débité par le crédit de
Caisse.

(3) Pour un achat à terme, je débite la Marchandise que je reçois en créditant celui qui me l'a
livrée, parce que je lui en dois le montant.

(4) Je crédite la Marchandise par le débit de
Caisse, lorsque je vends comptant, parce que je
reçois de l'argent et que je donne de la marchan-

dise, suivant ce principe : le compte qui reçoit doit à celui qui donne.

(5) Vendant à trois mois, je débite celui qui achète en créditant la Marchandise qui sort de ma propriété.

(6) Je reçois de l'argent, je débite la Caisse qui reçoit en créditant celui qui me le donne.

(7) Joly m'a payé 3oo francs pour compte de Froger ; je débite Caisse en créditant celui pour compte de qui j'ai reçu, parce que c'est lui qui fournit la valeur; Joly n'est ici qu'un être passif.

(8) J'ai compté 2oo francs à Leblanc; je *débite* celui qui reçoit en *créditant* la Caisse qui donne. Je porte cet article au Grand-Livre, au débit de Leblanc, et au crédit de Caisse. Il en est de même pour chaque article du Journal que l'on porte au Grand-Livre au débit de compte ouvert au Débiteur et au crédit du compte qui est crédité, de sorte que dans la partie double un même article se trouve porté deux fois au Grand-Livre. Le débit de Caisse nous indique l'argent qui entre, et le crédit celui qui sort.

(9) J'ai compté 4oo francs à Tourlet pour compte de Fournier; Tourlet n'est ici qu'un être passif, je *débite* celui pour compte de qui il reçoit par le crédit de Caisse qui fournit la valeur.

(10) Hacot, de Lyon, a reçu 8ooo fr. d'Ernest de Bordeaux, qui lui a payé cette somme pour mon compte; il faut ici *créditer* Ernest du mon-

tant de la valeur qu'il a fournie pour moi, et *débiter* Hacot qui l'a reçue et qui est censé la recevoir de moi, puisque j'en tiens compte à Ernest.

(11) Hacot, de Lyon, qui étoit mon Débiteur n.° 10, a payé pour mon compte 12,000 francs à Bovard, de Marseille ; je *débite* Bovard qui a reçu et je crédite celui qui lui a donné pour moi.

(12) Bovard, de Marseille, mon Débiteur n.° 11, a payé pour mon compte à Ernest, de Bordeaux, mon Créancier n.° 10 ; ce dernier a reçu, donc il est Débiteur ; le premier a fourni pour moi la valeur de 12,000 francs, il sera donc Créditeur. Ernest est censé recevoir de moi cette valeur, puisque j'en crédite Bovard.

(13 On distingue différentes actions pour les traites et remises : 1.re action, je tire sur mon Correspondant pour mon compte, ici je tire sur Laurin 6000 francs, je négocie ma traite au pair ; je débite Caisse qui en reçoit le montant, et je crédite Laurin sur qui j'ai tiré et qui doit en fournir la valeur à l'échéance.

(14) Deuxième Action ; je tire sur mon Correspondant pour compte d'un autre, ici je tire sur Laurin, de Rouen, pour compte de Jourdan, de Lyon, je négocie ma traite au pair, je débite Caisse qui en reçoit le montant, et je crédite Jourdan de Lyon, parce que la traite est faite pour son compte, qu'il en fournit la valeur, et que Laurin n'est ici qu'un être passif.

(15) Troisième Action ; mon Correspondant tire sur moi pour son compte, et j'accepte sa traite, il est censé en avoir reçu la valeur, il l'a passée dans le commerce ; donc il est débiteur, j'ai donné ma signature et mon engagement ; je dois donc créditer Lettres et Billets à payer, parce que j'ai mis mon effet en circulation, c'est la sortie de Lettres et Billets à payer ; je débiterai ce compte lorsque mon effet me rentrera et que je l'acquitterai.

(16) Quatrième Action ; mon Correspondant tire sur moi pour compte d'un autre, j'accepte la traite ; et je débite celui pour compte de qui l'on a tiré ; parce qu'il est censé en avoir reçu la valeur ; en acceptant j'ai donné ma signature et mon engagement, je dois donc créditer Lettres et Billets à payer, pour exprimer la sortie de mon effet. Ici Laurin est un être passif, parce qu'il agit pour compte d'un autre.

(17) Cinquième Action ; lorsque je fais une remise à mon Correspondant pour mon compte, je le débite du montant de la valeur qu'il reçoit, et ayant acheté cette Lettre de Change au pair, je crédite la Caisse qui a donné.

Nota. Pour chaque article, voyez le Journal, sous le même numéro, afin d'apprendre à connoître la formule ou la manière de passer les écritures au Journal.

(18) Sixième Action ; j'ai fait une remise à Jourdan, de Lyon, pour compte de Coulon, de Bor-

deaux; c'est ce dernier que je débite, parce qu'il en recevra la valeur, et que Jourdan qui est ici un être passif reçoit pour son compte; j'ai acheté cette remise au pair, j'en crédite la Caisse pour l'argent donné.

(19) Septième Action; mon Correspondant me fait une remise pour son propre compte, je dois donc le créditer de la valeur qu'il me fournit, et je débite en même temps Lettres et Billets à recevoir pour l'effet qui entre en mon porte-feuille. Le crédit de ce compte marque la sortie des Effets.

(20) Huitième Action; mon Correspondant me fait une remise pour le compte d'un autre, je crédite celui pour qui il m'a fourni une valeur, du montant de la remise, parce qu'il est censé donner et que l'autre n'est qu'un être passif; et pour l'effet entrant en porte-feuille, je débite Lettres et Billets à recevoir.

(21) Lorsque j'achète moitié comptant et moitié en mon effet à usance, je débite la marchandise qui entre ou que je reçois, et je crédite la Caisse pour l'argent donné et Lettres et Billets à payer pour mon Effet à usance, que j'ai remis au vendeur et passé à son ordre.

(22) Je vends du Café à Degosse, payable un tiers comptant et les deux tiers en son effet à usance, je débite Caisse pour le tiers reçu comptant, et en même temps Lettres et Billets à recevoir pour les deux tiers reçus en son Effet à usance, et je crédite

Café pour la marchandise qui sort; et comme il y a deux Débiteurs, je dis : *divers à Café*, etc.... ou les *suivans doivent à Café*, etc....

(23) J'ai vendu comptant des Marchandises qui se trouvoient portées dans l'inventaire et dont j'avois crédité Capital; je débite ici Caisse de l'argent reçu, et je crédite le compte de Marchandises générales pour celles que j'ai vendues et livrées.

(24) J'encaisse le montant d'une remise de Laroque, de Bordeaux, je débite Caisse de l'argent reçu, et je crédite Lettres et Billets à recevoir pour la sortie du porte-feuille qui est représenté par ce compte.

(25) Un Effet à payer me rentre, je l'acquitte, je débite le compte de Lettres et Billets à payer pour la rentrée de mon effet, et je crédite la Caisse qui en a compté la valeur.

(26) J'ai reçu le montant d'une remise, je débite Caisse de l'argent reçu, et je crédite Lettres et Billets à recevoir pour la sortie du porte-feuille, pour l'effet que je donne.

(27 et 28) Je débite Lettres et Billets à payer pour l'Effet qui me rentre et que j'acquitte, et je crédite la Caisse qui en a compté la valeur.

(29 et 30) Je débite Caisse de l'argent reçu, et je crédite le compte de Lettres et Billets à recevoir pour la sortie du porte-feuille.

(31) J'ai acheté comptant diverses Marchandises, voulant ouvrir un compte à chaque espèce, afin de

connoître le bénéfice ou la perte sur chacune, je débite Vins, Laine, Sucre pour ce que je reçois; je porte au débit de Marchandise ce qu'elle coûte, et au crédit ce qu'elle produit, afin de solder chaque compte par profits et pertes; je crédite ici Caisse pour l'argent compté, et je dis : divers à Caisse, ou les suivans à Caisse, etc.....

(32) Je vends comptant diverses Marchandises, je crédite chaque compte qui donne pour l'objet sorti, et je débite la Caisse qui en reçoit le montant, pour l'entrée de l'argent.

(33) J'ai acheté de Desprez, moitié comptant, moitié à trois mois, diverses Marchandises, je débite chaque compte qui reçoit pour la Marchandise reçue, et je crédite chaque compte qui donne, Caisse pour l'argent donné, pour la moitié payée comptant, et Desprez pour l'autre moitié payable à trois mois, pour les Marchandises qu'il m'a livrées; et comme il y a divers Débiteurs et divers Créditeurs, je dis : divers à divers, etc.

(34) J'escompte un effet de 10,000 francs par Desforges, cette lettre perdant deux pour cent, je retiens deux cents francs, et je ne compte que 9,800 francs en espèces; je fais un bénéfice de 200 francs, puisque je recevrai 10,000 francs à l'échéance; on est convenu dans la partie double d'ouvrir un compte pour les profits ou les pertes que nous faisons dans le commerce, le débit de ce compte représente nos pertes, et le crédit nos bé-

néfices; il en est de même pour les comptes qui sont des branches ou subdivisions de celui de pro-fits et pertes; par exemple, 1.º celui de Frais gé-néraux; 2.º de Dépenses; 3.º d'Assurances; 4.º de Commissions; 5.º d'Intérêts; 6.º de Change, d'Es-compte, Jeu, Rentes; 8.º celui de Succession. Outre ces comptes, on peut encore en ouvrir d'au-tres qui ne sont autre chose que des distinctions établies entre les différentes natures de bénéfices ou de pertes que l'on peut faire, parce que l'on veut en voir le produit particulier, lorsqu'on fait un grand nombre d'affaires relatives à chacun de ces comptes; on passe tous ces articles par profits et pertes, lorsqu'on ne veut point ouvrir ces comptes particuliers. Ici j'ouvre un compte d'Es-compte, je le crédite pour le bénéfice que je fais; en même temps je crédite la Caisse pour l'argent que je donne, et je débite Lettres et Billets à re-cevoir du montant de l'effet qui entre en porte-feuille.

On doit observer que les comptes qui sont des subdivisions de celui de profits et pertes se soldent par ce dernier compte, c'est-à-dire que l'on en porte le résultat définitif au débit ou au crédit de profits et pertes.

(35) Je négocie un Effet de 10,000 francs que j'avais en porte-feuille, à deux pour cent perte: je débite Caisse de l'argent que je reçois, et Es-compte de la perte que je fais à cette négociation,

et je crédite Lettres et Billets à recevoir pour l'effet que je donne. J'ouvre ici un compte à Escompte, afin de connoître les pertes ou les bénéfices que je fais en ce genre d'opérations.

(36) J'ai reçu de Breton 2,000 francs, pour prime d'assurance au montant de 20,000 francs de Marchandises, etc.... Je débite Caisse de l'argent reçu, et je crédite Assurances du montant de la prime. J'ouvre un compte à Assurances pour connoître mes bénéfices ou mes pertes en ce genre d'affaires, le crédit de ce compte marque mes bénéfices pour les primes que j'ai reçues, et le débit indique les pertes pour le montant des sommes assurées et que j'ai remboursées. On solde ce compte par profits et pertes, n.° 73.

(37) J'ai pris une Lettre de Change sur Hambourg, montant à 4,000 marcs, j'ouvre un compte à Change pour ce genre de commerce, je le débite du prix coûtant, et je crédite la Caisse de la somme déboursée. Lorsque la Lettre sera négociée, je créditerai le compte de Change du produit. On solde ce compte par profits et pertes, n.° 72.

(38) J'ai compté pour frais et dépenses 1,200 fr., je crédite la Caisse de la somme déboursée dont je débite en même temps le compte de Dépenses générales qui est une branche de celui de profits et pertes, et que l'on solde par ce dernier compte, n.° 73.

(39) J'ai compté 3,400 francs pour frais de mé-

nage, j'en crédite la Caisse, et j'en débite le compte intitulé : Dépenses domestiques qui est une bránche de celui de Profits et pertes, qui sert à le solder, n.° 73.

(40) Durand, de Bayonne, a négocié 4,000 marcs pour mon compte, je le débite du net produit de la négociation qu'il reçoit, et j'en crédite le compte de Change qui a été débité du coût, n.° 37, et que je solderai par Profits et pertes, n.° 72.

(41) J'ai donné 25,000 francs à la grosse aventure à 30 pour cent d'intérêt, je débite le compte d'Effets à la grosse du coût total pour celui que je reçois de Séguin, et je crédite Caisse de la somme donnée. N.° 56, recevant le capital et les intérêts, je crédite Effets à la grosse de ce produit.

(42) J'ai compté à Breton 20,000 francs que je lui avais assurés, n.° 36, je crédite Caisse de la somme payée dont je débite le compte d'Assurances qui est une branche de celui de Profits et pertes qui sert à le solder, n.° 73.

(43) Mon Correspondant achète pour mon compte des Marchandises, j'ouvre un compte intitulé : *Tel... mon compte*, ou ce qui signifie la même chose, *Marchandises chez un tel pour mon compte* ; la première désignation est plus abrégée. Lorsque je reçois avis de l'achat, je débite le compte ci-dessus du prix coûtant, en créditant mon Correspondant ; et lorsque ce Correspondant m'envoie le compte de Vente, je le débite en cré-

ditant *Marchandises* chez lui pour mon compte
du net produit; je solde ce dernier compte, n.° 72,
par Profits et pertes, parce qu'il est susceptible de
bénéfice ou de perte, la marchandise étant ache-
tée et vendue pour mon compte. En créditant mon
Correspondant du montant de l'achat qu'il a fait
pour moi, je dis *à lui-même* pour éviter la répé-
tition de son nom.

(44) Je présente sous ce numéro la première
Méthode pour l'achat et la vente des Marchandises
en participation, dont je suis Directeur; achetant
comptant, je débite ce compte du montant de l'a-
chat. Voulant désigner plus particulièrement la
marchandise en participation, j'ai débité Matières
d'or et d'argent de compte à demi avec Debrie, en
créditant la Caisse qui en a payé la valeur. Comme
je suis ici Directeur, je passe écriture pour la part
de mon Associé, dont je le débite en son compte
courant, en créditant lui-même son compte à
demi; ce dernier compte sert à établir la comptabilité des affaires en participation pour ma direction; lorsque tout est terminé, on le solde par
Marchandises en participation. Principe général;
pour l'achat, je débite mon Associé à lui-même
son compte en compagnie, et pour la vente je
débite le compte en compagnie en créditant mon
Associé.

(45) Vendant comptant, je débite la Caisse en
créditant Marchandises en participation du mon-

tant de la vente. Je passe un second article pour
la part de mon Associé dont je débite Tel son
compte à demi par le crédit de Lui-même son
compte courant, pour ce qui lui est dû pour sa
moitié au net produit de la vente.

Pour solder le compte de Marchandises en participation, je débite ce compte à Divers pour bénéfice, savoir : à mon Associé son compte en compagnie pour sa moitié du bénéfice à la vente, et à
profits et pertes pour ma moitié dudit bénéfice;
c'est-à-dire que je crédite ces deux derniers
comptes, dont le premier se trouve soldé par cet
article.

(46) J'emploie ici la seconde Méthode pour passer écriture des achats et ventes des marchandises
en participation dont je suis Directeur. Je crédite
la Caisse du montant de l'achat fait au comptant
dont je débite le compte de Marchandises en participation. Je débite ensuite mon Associé son
compte courant en créditant, c'est-à-dire en dé-
chargeant le compte de Marchandises en participation de la moitié de l'achat pour en charger l'Associé. Par ce moyen le compte de Marchandises ne
reste plus débité que de ma part.

(47) Vendant comptant, je débite la Caisse de
l'argent reçu pour la totalité de la vente dont je
crédite le compte de Marchandises en participation.
Je passe ensuite un second article en débitant le
compte de Marchandises en société à Divers, sa-

voir : à Tel mon Associé son compte courant pour sa moitié à la vente ; et à Profits et pertes pour ma moitié du bénéfice, que l'on trouve en retranchant le débit du crédit du compte de Marchandises ; ce dernier compte, d'après cet article, ne reste plus crédité que de ma part ; pour le solder, je le débite, en créditant Profits et pertes, de l'excédant de son crédit qui représente mon bénéfice.

(48) Je dirige l'achat et la vente dans cet article qui est passé par la troisième Méthode. On débite Divers, chacun pour sa part, en créditant la Caisse ; le compte ouvert à Marchandises en participation à tiers me représente, je le débite de ma part, et chaque Associé de la sienne, et je crédite Caisse qui paie, du montant total de l'achat.

(49) J'ai reçu de chaque Associé 8,000 francs pour leur tiers de l'achat ; je débite Caisse de 16,000 francs, en créditant chacun de la somme qu'il a payée.

(50) Vendant comptant de compte à tiers, je débite la Caisse qui a reçu en créditant le compte de Marchandises en participation du montant total de la vente ; je solde ensuite ce compte, comme à la deuxième Méthode ; je le débite à Divers, en créditant chaque Associé pour son tiers à la vente, et Profits et pertes pour le tiers de mon bénéfice.

(51) J'ai compté 10,000 francs à chaque Associé pour son tiers au net provenu ; je débite chacun

de la somme qu'il reçoit, en créditant la Caisse qui a donné.

(52) Je dirige l'achat et la vente, j'ai acheté comptant de compte à quart avec Debrie, Lemoine et Perrier; je passe cet article par la quatrième Méthode, en créditant la Caisse du montant total de l'achat et en débitant chaque Associé pour son quart et le compte de Marchandises en participation pour ma part.

(53) J'ai reçu de chacun de mes Associés pour leur quart à l'achat 17,000 francs. Je débite Caisse de la somme qu'elle reçoit en créditant chaque Associé de la somme qu'il donne.

(54) J'ai vendu comptant de compte à quart avec Debrie, Lemoine et Perrier, diverses marchandises, je débite la Caisse du montant total de la vente qu'elle a reçu, je crédite chaque Associé pour son quart à la vente et le compte de Marchandises en participation pour le mien. On a vu que ce dernier compte a été débité de mon quart pour l'achat et crédité de mon quart au net provenu, il sera facile de le solder par profits et pertes, en retranchant la plus petite somme de la plus grande. L'excédant du crédit sur le débit indique le bénéfice; si au contraire le débit surpassoit le crédit, cet excédant indiqueroit la perte que nous avons faite. Ici j'ai fait un profit de 1,375 fr., j'en débite le compte de Marchandises en participation en créditant le compte de Profits et pertes.

(55) J'ai compté 18,375 fr. à chaque Associé pour son quart au net provenu, je crédite Caisse de la somme payée, en débitant chaque Associé de la somme qu'il reçoit; d'après ce principe que le compte qui reçoit doit à celui qui donne.

(56) J'ai reçu de Seguin 32,500 fr. pour Capital et intérêts de 25,000 fr. à lui donnés à la grosse aventure à 30 pour cent; je débite Caisse de la somme reçue par le crédit du compte d'Effets à la grosse, que j'avois débité le 10 mars de la somme déboursée, et que je solderai par Profits et pertes, pour mon bénéfice montant à 7,500 fr., n.° 72.

(57) Mon Correspondant m'envoie le compte de la vente qu'il a faite pour moi, je le débite du net produit en créditant Lui-même mon compte, c'est-à-dire Marchandises chez lui ou entre ses mains pour mon compte. Par exemple, ici j'aurois pu dire : Duperron de Bordeaux à Marchandises chez Lui-même ou sous Lui-même pour mon compte, ou à Marchandises entre ses mains pour mon compte. Je passe écriture de cet article le plus brièvement possible, dans mon Journal, en disant : Duperron à Lui-même mon compte, ce qui signifie la même chose. La Marchandise chez lui a été débitée de ce qu'elle a coûté pour l'achat (*Voyez n.° 43*), et elle est créditée de ce qu'elle produit par la vente; on peut donc solder ce compte par Profits et pertes, n.° 72.

(58) J'ai vendu comptant pour compte de mon

Correspondant ou par Commission dix barriques café, je débite Caisse de la somme reçue et je crédite le compte de Commission du produit total.

Mais comme nous vendons pour compte d'un Correspondant, nous créditons par un second article ce Correspondant du net provenu, commission et frais déduits, en débitant le compte de Commission. On voit que ce dernier compte étant débité de ce que je dois rendre et payer à mon Correspondant, tous frais déduits, et ayant été crédité du produit total, l'excédant du crédit sur le débit doit indiquer mon bénéfice, n.° 72. On pourroit ouvrir un compte intitulé : *Marchandises par Commission ou pour compte de tel*, que l'on débiteroit ou que l'on créditeroit d'après les mêmes principes. On peut même désigner la Marchandise, par exemple : *Café pour compte de tel*. On passe les écritures plus brièvement en ouvrant le compte général de Commission pour toutes affaires de ce genre; on évite ainsi d'ouvrir un grand nombre de comptes particuliers ; cette Méthode peut être avantageuse à une maison de Commission qui fait beaucoup d'affaires, et servira à abréger les écritures.

Voici une autre manière de porter au Journal une vente par Commission ou pour compte d'autrui. Je dirois :

Caisse à Divers, 16,000 fr., vendu comptant pour compte de Tollard de Marseille, 10 barriques

Café pesant net 8,000 livres à deux francs la livre, la commission à deux pour cent, savoir :

A Tollard de Marseille, 15,680 fr., pour le montant du net provenu que je dois lui remettre. . . . . 15,680 f.

A Commission, 320 fr., pour celle à deux pour cent que j'ai retenue.   320
                                                    ———
                                                    16,000

On voit par cette dernière Méthode que le compte de Caisse est débité de la somme totale reçue pour le produit de la vente, que mon Correspondant n'est crédité que de son net provenu, et que le compte de Commission est crédité de celle que j'ai retenue. Dans la première Méthode ci-dessus, l'excédant du crédit de Commission est aussi de 320 fr. Ce compte se solde par Profits et pertes.

(59) J'ai acheté comptant pour compte de mon Correspondant, ou par Commission, 10 barriques sucre, je charge le compte de Commission, c'est-à-dire je débite ce compte de la somme payée par la Caisse que je crédite, parce qu'elle a fourni cette valeur.

Ensuite par un second article je débite mon Correspondant en créditant le compte de Commission, non-seulement de la somme déboursée par la Caisse, mais encore du montant de ma commission à deux pour cent sur ladite somme, de sorte que dans cette Méthode l'excédant du crédit de Commission indique toujours mon bénéfice ou celle qui m'a été allouée pour l'achat.

On auroit pu dire ici d'après le même principe : *Marchandises pour compte de Roger de Bordeaux, à Caisse*, 16,000 fr., acheté comptant, etc.

Et pour le second article : *Roger de Bordeaux à Marchandises pour compte de Lui-même*, 16,520 f. pour l'achat ci-dessus, etc.

Voici une autre manière de passer au Journal un achat par Commission :

Roger de Bordeaux à Divers, 16,520 fr. acheté comptant pour compte dudit, 10 barriques sucre, pesant net 8,000 livres à deux francs la livre, la commission à deux pour cent, savoir :

A Caisse, 16,000 fr. pour la somme
que j'ai comptée en argent. . . . . 16,000 f.

A Commission, 520 fr. pour celle à
deux pour cent que j'ajoute..   520
                                     ————
                                16,520

On voit que dans cette méthode mon Correspondant est chargé ou débité de la somme déboursée, plus de la commission, à tant pour cent sur ladite somme, que le compte de Caisse est crédité de la somme payée, et que l'on porte au crédit de Commission le montant de celle à 2 p. o/o qui nous est allouée, sur l'achat. Dans la première méthode, l'excédant du crédit de Commission indique le même bénéfice, de sorte que le résultat est le même par l'une ou par l'autre méthode. Ce compte se solde par Profits et pertes dont il est une subdivision.

(60) Mon Correspondant a expédié pour mon compte un navire chargé de marchandises; j'ouvre un compte intitulé : *Cargaison de tel navire*, je le débite de la valeur des marchandises en créditant le Correspondant qui l'a fournie. Le compte de cargaison sera crédité du produit de la vente et se soldera par Profits et pertes, n°. 72.

(61) Fortin, de Bordeaux, qui a expédié ledit navire à Amsterdam, à l'adresse et consignation de Heibert, a tiré pour mon compte sur ce dernier qui est chargé de vendre mes marchandises; Fortin est ici débiteur parce qu'il reçoit la valeur de la Traite, et Heibert est créditeur parce qu'il est censé fournir pour moi cette valeur, puisqu'à l'échéance il doit payer le montant de cette traite.

(62) J'ai remis à Fortin, de Bordeaux, 40,000 fr. en deux traites que j'ai prises au pair. Je crédite la Caisse de la somme payée, et je débite mon Correspondant de la valeur qu'il reçoit.

(63) J'ai tiré sur Heibert, d'Amsterdam, chargé de vendre pour mon compte la cargaison du navire le Hope, j'ai négocié 18000 florins en mes traites sur ledit, dont le net produit s'élève à 40000 fr. et dont je débite Caisse qui en a reçu le montant, en créditant le Correspondant sur qui la traite se fait, parce qu'il doit en fournir la valeur.

(64) J'ai reçu de Buzanval pour compte de Delaunay, je débite la caisse de la somme reçue, et je crédite Delaunay, parce que c'est lui qui fournit cette valeur et que Buzanval agissant, pour son compte, n'est ici qu'un être passif.

(65) Heibert d'Amsterdam, a vendu pour mon compte la cargaison du navire *le Hope*, dont le net produit s'élève à 45,000 florins courans, faisant au change de 54 derniers de gros pour 3 fr., 100,000 francs. Je dois charger ou débiter le compte de Heibert de ladite somme ; parce qu'il opère pour moi et qu'il doit recevoir pour m/c. une valeur qui m'appartient et qui est le produit de mes marchandises. Je crédite en même temps le compte intitulé : *Cargaison du navire le Hope ;* on a vu, nº. 60, que ce compte a été débité de la valeur des marchandises chargées sur ce navire, suivant le compte d'armement ; étant ensuite crédité du produit de la vente que ledit Heibert a faite pour mon compte, il se soldera par Profits et pertes, nº. 72.

(66) Delaunay, de Bordeaux, s'est prévalu pour mon compte sur Heibert, d'Amsterdam, de 6000 florins, dont le net produit monte suivant note de négociation à 13,000 francs ; je débite Delaunay du produit de cette négociation, parce qu'il reçoit, et j'en crédite Heibert, parce qu'il doit fournir la valeur de la traite.

(67) J'ai tiré sur Delaunay, à l'ordre de Pinson, à 15 jours de date, à 1 p. o/o de bénéfice, je débite

la Caisse de la somme reçue, je crédite Delaunay du montant de la traite sur lui, et je crédite en même temps Escompte du bénéfice à la négociation de ladite traite. Le montant de la traite est de 6500 francs, mais comme il y a 65 francs de bénéfice, la Caisse reçoit 6565 fr. produit de la négociation. Il y a donc deux Créditeurs, et je dois dire : *Caisse à Divers*, etc.... (Voyez Journal n°. 67.) Escompte est une subdivision de Profits et pertes et ce dernier compte sert à le solder, n°. 72. On débite le compte d'Escompte des pertes faites sur les négociations, et on le crédite des bénéfices obtenus en ce genre d'opération.

(68) J'ai acheté comptant, de compte à demi, avec Perrier, vingt barriques café, pesant net 16000 livres à 2 fr. la livre, je dirige l'achat, et Perrier, mon associé, dirige la vente. Dans ce cas la troisième méthode est la plus facile et la plus convenable. Pour l'achat comptant, je crédite la Caisse de la somme payée, en débitant Perrier de sa moitié à l'achat; je débite en même temps Marchandises de compte à demi avec ledit, pour ma moitié de l'achat. Ce dernier compte me représente.

(69) Perrier, mon associé, m'envoie le compte de vente; ledit a vendu comptant, de compte à demi, avec moi 20 barriques café, pesant net 16000 livres à 2 f. 50 c.; je débite Perrier de ma moitié du net produit, et j'en crédite Marchandises en participation de compte à demi avec lui-même;

on voit que ce dernier compte a été débité du prix coûtant pour ma moitié de l'achat, qu'il a été crédité de ma moitié du net provenu, d'où il suit qu'il ne reste plus qu'à le solder par Profits et pertes ; le crédit excédant le débit, je dirai donc : *Marchandises, de compte à demi, avec Perrier, à Profits et pertes,* pour solde et pour la moitié de mon bénéfice ; d'après ce principe que l'on crédite ce compte pour les bénéfices et qu'on le débite pour les pertes que l'on fait.

(70) Ici mon Associé dirige l'achat et la vente. Mon Correspondant a acheté comptant, de compte à demi, avec moi, 1000 guinées à 24 fr., je débite Tel son compte à demi à Lui-même, son compte courant, pour ma moitié de l'achat ; on voit que je crédite mon Associé de ma moitié ; le compte qui est ici Débiteur me représente ; ce compte ayant été débité de ma part de l'achat, sera crédité de ma moitié au net produit de la vente et se soldera par Profits et pertes, n°. 72.

(71) Mon Correspondant a vendu comptant de compte à demi avec moi 1000 guinées à 24 fr. 50 c.; je débite mon Associé, son compte courant, de ma moitié au net provenu, en créditant Lui-même son compte à demi pour ma part ; ce dernier compte me représente ; je le crédite du produit de la vente et je le solderai par Profits et pertes, n°. 72.

(72) *Observation.* Avant de solder et de balancer tous les comptes du Grand-Livre, il convient de

donner quelques notions préliminaires sur ce Livre.
On le nomme ainsi, parce qu'il est le plus grand vo-
lume de tous ceux dont un négociant se sert. Il doit
être grand et large, afin d'y pouvoir mettre chaque article dans une seule ligne. On le nomme
aussi *Extrait*, parce qu'on y met par extrait tous
les articles du Journal. On l'appelle encore *Livre
de raison*, parce qu'il rend raison de toutes les affaires. On y forme des comptes pour chaque sujet
que l'on trouve Débiteur ou Créancier au Journal,
à mesure qu'il se présente, afin de porter sur ces
comptes les articles dont lesdits sujets sont Débiteurs ou Créanciers au Journal. Le Livre étant ouvert au folio où l'on veut écrire, présente deux
pages l'une vis-à-vis de l'autre, c'est-à-dire, le
Débit et le Crédit, pour le compte que l'on veut
ouvrir. On met le nom du sujet pour qui l'on forme
le Compte sur la page à main gauche, ainsi qu'il
est écrit dans le Journal; le mot *doit*, qui précède
ce nom, indique que l'on écrira sur cette page tous
les articles que son sujet devra dans la suite. Sur
la page à main droite, on met *avoir* pour désigner
son crédit, où l'on porte tous les Articles dont il
est Créancier par la suite. Ce que nous disons des
personnes, est applicable aux choses naturelles ;
d'après ce principe, toute la partie active est Débitrice et la partie passive Créditrice.

Le compte étant ainsi préparé, et noté sur l'alphabet, sert donc au Grand-Livre pour y écrire

tous les articles dont le sujet de ce compte sera Débiteur ou Créancier dans le Journal.

Lorsqu'on veut rapporter un article du Journal au Grand-Livre, on fait, dans la marge du Journal, devant l'Article, un petit trait de plume ou tiret formé ainsi; — dessus ce tiret, on met le folio du Grand-Livre, où est le compte du Débiteur. Le Débiteur précède toujours le Créditeur, parce que la cause précédant l'effet, l'Actif doit précéder le Passif. Dessous le tiret, on met le folio du Créancier, parce que le Créditeur vient toujours immédiatement après le Débiteur. (Voyez notre Journal.) Ces folio se cherchent dans l'alphabet, et se mettent ainsi, pour indiquer dans le Grand Livre, le compte du Débiteur de l'Article, afin de le débiter, et celui du Créancier, pour le créditer. Quand l'article du Débiteur est porté au débit dans le Grand-Livre, on fait un gros point au crayon sur le Journal, après son folio, pour marquer que l'article est porté à son débit ; et après avoir porté au Crédit l'article du Créancier, on fait aussi un point après son folio, pour marquer que l'Article est porté à son crédit. On ne met qu'un tiret devant chaque Article, et on le place de manière que les Débiteurs et les Créanciers soient vis-à-vis.

Il y a deux choses à observer pour transporter les Articles du Journal au Grand-Livre, 1°. l'Arrangement des parties de l'article; 2°. Le raisonnement qui convient à chaque Compte.

L'arrangement des Articles demande que chaque partie soit mise en la place qui lui est destinée. Ainsi pour porter un article au Débit ou au Crédit d'un compte au Grand-Livre, il faut observer cinq choses : 1°. l'Epoque ; le Millésime ou l'Année se met au-dessus du texte, au milieu de la double ligne horizontale ; on le met aussi au-dessus du mois, au commencement du compte. On écrit le mois avant les deux lignes verticales, et la date entre ces deux lignes ; 2°. dans le débit, après la date, on marque *à qui l'on debite le compte;* et dans le crédit, *par qui on le crédite.* Par conséquent, la particule *à* se trouve toujours au commencement de chaque ligne du débit ; et la particule *par* au commencement de chaque ligne du Crédit ; 3°. dans la même ligne on explique le sujet, c'est-à-dire, pourquoi on le débite ou crédite ; 4°. on met le folio de rencontre, c'est-à-dire, le folio du Grand-Livre ; ainsi on indique au folio du Débiteur, celui du Créditeur, et à celui-ci, celui du premier. Néanmoins on met entre les deux colonnes un *zéro,* lorsque dans l'un ou l'autre cas, l'expression de *Divers* se présente, parce que ce mot annonce plusieurs Débiteurs ou plusieurs Créanciers qu'il serait trop long d'annoter. On met entre les deux premières lignes verticales, le folio du Journal, et entre les deux suivantes, on met dans le Débit le folio du Créancier, et dans le Crédit celui du Débiteur; 5°. la somme ou le montant de l'Article se met dans les lignes restantes, destinées pour les francs et centimes.

Le raisonnement que l'on fait sur le Grand-Livre en y portant les Articles du Journal, doit être bref et net, et contenir les circonstances qui conviennent à chaque sorte de compte, pour en donner l'intelligence. Il faut écrire proprement sans traits ou grandes queues, et posément, afin de ne point se tromper. Les Titres des Comptes doivent être faits en gros caractères. Chaque Article n'aura qu'une seule ligne. Il faut avoir soin de ranger les chiffres les uns sous les autres, afin de faire les additions plus facilement. Toutes les lignes doivent être tirées à la règle. On ouvre les Comptes continûment dans le Grand-Livre, en observant la suite naturelle du Journal, c'est-à-dire, que le premier compte que le Journal indique doit être au Folio I du Grand-Livre; et l'on continue ainsi, successivement, ceux qui suivent dans le Journal, sans interposition, et sans laisser de feuillet en blanc. Chaque article s'écrit au débit d'un compte, et en même temps au crédit d'un autre compte; ainsi, tous les articles qui sont dans le débit du Grand-Livre, pour une somme, sont aussi dans le crédit pour cette même somme : par conséquent le débit total du Grand-Livre est égal au crédit général; et conséquemment la somme totale des débits doit exactement balancer la somme totale des crédits, si tout est exactement rapporté. Tel est le

11

principe qui sert à établir la Balance de vérification. (*Voyez* celle dont nous avons donné le modèle, et que nous avons placée avant le Grand-
Livre.) Il ne faut raturer ni croiser aucun article
sur ce dernier Livre. Si l'on a passé un article au
débit d'un compte qui n'y doit pas être, contre-
passez-le dans le crédit, en y mettant ces mots :
Pour contrepasser tel article passé au débit par
mégarde. Portez-le ensuite où il doit être naturel-
lement ; et si vous vous êtes trompé dans le crédit,
usez-en de même. Le Grand-Livre n'étant pas le
registre authentique, il y a des Teneurs de Livres
qui se contentent de racler la somme de l'article
porté par erreur, et de mettre à côté, en marge,
le mot *nul* ; ainsi ils ne passent pas de contre-par-
ties au Grand-Livre, des erreurs qui n'appartiennent qu'à ce registre et qui sont étrangères au
Journal. La première méthode est vicieuse, ou
moins exacte, 1.° parce qu'elle augmente le total
des débits inscrits au Grand-Livre, de la somme
que l'on y a portée par erreur ; 2.° parce qu'elle
augmente le total des crédits de cette même somme,
d'où il suit que le total des crédits du Grand-
Livre, ne peut plus être égal au montant des articles du Journal, ce qui doit être. Cette conformité
sera toujours une preuve de plus, et servira à cons-
tater la vérité des écritures. La Balance de vérification des comptes du Grand-Livre présentant le
même résultat que le Journal, on ne peut douter

que la comptabilité ne soit bien établie. Pour parvenir à ce but, on additionne le montant des articles du Journal au bas de chaque folio, en trans-
portant au haut de chacun, le résultat des folio
précédens. On obtient, au bas du dernier folio, la
totalité des affaires du Journal, qui est toujours
conforme avec le total des débits et celui des crédits des comptes ouverts au Grand-Livre, comme
on le voit à la Balance de vérification, page 93, où
ce total est porté à 309,180 fr., somme pareille
à celle trouvée au Journal, provenant des additions de tous les articles de ce livre, jusqu'au jour
où nous voulons faire la Balance de tous les
comptes. *Voyez* Journal, folio 22, 15 septembre.
Cette preuve mathématique est infaillible et satis-
faisante. Lorsqu'on a la totalité de tous les articles
du Journal, si l'on passe à la Balance de vérification, on doit penser que la totalité des débits ou
celle des crédits de tous les comptes ouverts au
Grand-Livre, doit être conforme à celle des articles
du Journal; et c'est ce qui rendra ce travail plus
facile. Lorsque l'on a trouvé cette conformité du
Journal avec le Grand-Livre, on peut conclure
avec raison que l'on a ainsi une double preuve que
les écritures ont été bien passées. On conçoit que
cette conformité doit nécessairement avoir lieu,
puisque les sommes portées hors ligne, au Journal, sont les mêmes que celles portées au Grand-
Livre, au débit et au crédit de tous les comptes,

Pointer les Livres, c'est vérifier le rapport des articles du Journal au Grand-Livre. Il y en a qui ne pointent leurs Livres que lorsqu'ils veulent faire leur balance; mais cette négligence peut entraîner de grands inconvéniens : car souvent, en pointant les Livres lorsque l'on fait la balance, on découvre des erreurs ou des omissions sur des comptes qui sont soldés depuis long-temps. Pour éviter ces inconvéniens, il faut pointer tous les huit jours.

Dans la Tenue des Livres, on appelle Balance, l'état qui présente les sommes totales des débits et crédits de chaque compte du Grand-Livre. Ce mot vient du latin *bilanx*, bassin double; balance, instrument pour peser. La balance, proprement dite, est dans un état de vacillation, mais en appliquant cette dénomination à notre objet figurativement, nous supposons un état d'équilibre fixe, et une égalité numérique des deux côtés, une équation parfaite entre les sommes totales qui sont les résultats des totaux partiels : ainsi on dit qu'il n'y a pas balance, lorsque cette équation n'existe pas parfaitement, et quand il n'y manqueroit qu'un centime. Comme dans la partie double on doit créditer exactement les sommes que l'on débite, ce qui se fait dans le même temps pour chaque article du Journal que l'on porte au Grand-Livre, il doit nécessairement y avoir balance entre les sommes totales des débits et crédits; et comme, par la même raison, tout ce qui est porté à gauche du Grand-Livre est porté à droite, il résulte de là, qu'en prenant la somme de tout le côté gauche, et celle du côté droit, on obtient une balance telle que nous l'avons définie. Les anciens auteurs nommoient cette Balance *bilan en l'air;* cette expression qui a vieilli ne présentoit rien à l'esprit, et n'est nullement propre à exprimer la chose. On la dénomme actuellement *Balance de vérification,* c'est-à-dire balance faite pour vérifier si tout ce qui a été *débité* a été *crédité, et vice-versâ* pour vérifier si tout ce qui a été crédité a été débité. D'où il suit que cette balance servant à vérifier si la somme totale des Débiteurs égale celle des Créditeurs, est bien nommée *Balance de vérification.* Nous en avons donné une formule avant le Grand-Livre, p. 92.

Lorsqu'indépendamment de l'équation de la somme totale des Débiteurs et de celle des Créditeurs, la Balance fait connoître le solde de tous les Débiteurs et de tous les Créditeurs en particulier, et de toute la partie active et passive en général, les pertes, dépenses et bénéfices généraux qui résultent de toutes les opérations en particulier, et ensuite en général, du commerce du Négociant, on la nomme Balance soldée. On voit que cette dernière balance est une conséquence nécessaire de la balance de vérification, et que, par conséquent, si la première est inexacte, celle-ci doit l'être indubitablement; au contraire, si la balance de vérification est exacte, la balance soldée le sera

aussi. Il y a donc dans la Balance soldée deux considérations, la première est celle qui résulte de la
parité des sommes des Débiteurs et Créditeurs; la
seconde, celle qui résulte des soldes de tous les
comptes. Cette dernière considération nous amène
à définir ce qu'on entend par solde, et à présenter
le procédé dont on se sert pour solder les comptes.
Dans le négoce on appelle le solde d'un compte,
le reste, le reliquat de ce qui est payé ou à payer;
et en considérant tous comptes comme Débiteurs
et Créditeurs, l'excès du débit sur le crédit sera
donc leur solde, il en sera de même de l'excès du
crédit sur le débit. On peut solder un compte sans
le balancer, mais on ne peut point le balancer sans
le solder.

On distingue dans la Tenue des Livres à parties
doubles, les comptes des personnes et des choses,
c'est-à-dire, les cinq comptes généraux, Marchandises, Caisse, Lettres et Billets à payer, Lettres et
Billets à recevoir, Profits et pertes; nous avons
aussi indiqué les subdivisions de ces comptes pour
divers objets particuliers, auxquels le négociant
ouvre un compte, afin de connoître sa situation
relativement à chacun de ces objets. Les comptes
des particuliers sont ouverts aux Correspondans
avec qui l'on est en liaison d'affaires.

Les comptes abstraits sont ceux qui indiquent
l'augmentation ou la diminution du Capital; par
exemple, les dépenses du ménage, les frais géné-

raux, sont autant de comptes qui indiquent les diminutions du Capital, pour ce qui les concerne; les commissions et autres comptes sont encore autant de comptes qui indiquent, par leur nature, les augmentations de Capital qui sont inhérentes à leur objet : conséquemment ces comptes se soldent par profits et pertes.

Le compte de Pertes et profits indique en particulier, et ensuite en général, les pertes et les bénéfices qui ont résulté de toutes les relations commerciales; d'où il suit que la balance de ce compte indique, en dernier résultat, ce que le négociant a gagné ou ce qu'il a perdu au jour de sa balance, c'est-à-dire son bénéfice net; et comme le profit ou la perte que démontre ce compte, tend à augmenter ou à diminuer son fonds, il se solde par Capital, et Capital par Balance de Sortie.

Nous commençons par solder tous les comptes susceptibles de présenter des pertes et des profits, ce qui, dans ce cas, suppose la balance des comptes abstraits.

Ensuite nous soldons et balançons tous les comptes susceptibles simplement de balance, comme par exemple les comptes des particuliers, les comptes particuliers et généraux des Marchandises et Effets de Commerce. On doit observer néanmoins que le compte de Capital ne se solde par Balance qu'après qu'il a été augmenté des bénéfices nets résultans du solde du compte de Profits et pertes, que l'on solde toujours par Capital, n.º 74.

Le compte de Marchandises générales ayant au débit 12,400 fr., et au crédit 11,400 fr., j'ajoute 2,800 fr. au crédit pour les Marchandises qui restent en magasin, et que je porte au prix d'achat, afin de pouvoir déterminer le bénéfice sur celles qui ont été vendues; je solde ainsi ce compte par Balance de sortie, c'est-à-dire que je le crédite par le débit de Balance de sortie, Journal n.º 75, ce qui élève le crédit total à 14,200 fr.; retranchant ensuite le débit total du crédit, je trouve pour bénéfice à ce compte 1,800 fr., que je porte au débit de Marchandises, en créditant Profits et pertes pour solde. (Voyez le Grand-Livre, fol. 2, et le Journal, n.º 72.)

Le débit du compte d'Escompte étant de 200 fr., et le crédit de 265 fr., l'excédant du crédit sur le débit est de 65 fr., qui exprime notre bénéfice net par escompte; ce compte se soldant par profits et pertes, je débite Escompte en créditant Profits et pertes pour solde. Le débit représente nos pertes par Escompte, et le crédit nos bénéfices; lorsque ce dernier surpasse le débit, cet excédant représente nos bénéfices nets en ce genre d'opération. (Voyez le Grand-Livre, fol. 3, et Journal, n.º 72.)

Nous trouvons au débit du compte de commission, fol. 3 du Grand-Livre, 31,680 fr., et au cré-

dit 52,320 fr.; l'excédant du crédit sur le débit est
de 640 fr., qui représente nos bénéfices par commission. (Voyez Méthode Théori-pratique, n.° 58
et 59, et Journal, n.°ˢ *idem.*)

Le Compte de Change a été débité du prix total
de l'achat des Lettres de Change, et crédité du
produit total par la vente ou la Négociation; ce
compte étant susceptible de Profits et pertes, je le
solde par ce dernier. Le débit total monte à 7,680 f.,
et le crédit à 8,500 fr.; le produit total surpassant
le coût total, l'excédant nous indique le bénéfice
à ce compte. Pour le solder, je le débite en créditant Profits et pertes de cet excédant. (Voyez
Grand-Livre, fol. 4, et Journal, n.° 72.)

Le Compte de Sucre est débité du prix d'achat
montant à 52,500 fr., et crédité du produit par la
vente montant à 40,000 fr. Je porte encore au crédit de ce compte 16,000 fr., pour la partie non
vendue, estimée à prix d'achat, c'est-à-dire pour
ce qui reste au magasin, ce qui élève le crédit total
à 55,000 fr., dont retranchant le débit ou le coût
total, montant à 52,500 fr., on a pour excédant
2,500 fr., qui représentent le bénéfice sur la partie
vendue. Je débite Sucre par le crédit de Profits
et pertes pour solde, du montant de cet excédant. (Voyez Grand-Livre, fol. 5, et Journal,
n.° 72.)

Nous trouvons au débit du compte de Vins,
Grand-Livre, fol. 6, 11,600 f., et au crédit 12,300 f.

L'excédant du crédit sur le débit est de 700 fr.,
qui représente le bénéfice sur les Vins; j'en débite
Vins à Profits et pertes pour solde. Le débit 11,600 f.
représente le coût total, et le crédit 12,300 fr. indique le produit total par les ventes. Si le débit
surpassait le crédit, cet excédant indiqueroit la
perte que l'on auroit faite. Ici nous avons un bénéfice de 700 fr., dont nous créditons Profits et
pertes, et nous portons ce résultat au débit de Vins
pour balancer ce compte, Journal, n.° 72.

Le compte de Café, Grand-Livre, fol. 8, présente 40,000 fr. au débit, et 36,000 fr. au crédit;
je porte encore au crédit de ce compte 16,000 fr.,
dont je débite Balance de sortie, n.° 75, pour ce
qui reste en magasin, estimé au prix d'achat; le
crédit total étant alors de 52,000 fr., et le débit de
40,000 fr., on trouve pour excédant et pour bénéfice 12,000 fr., que je porte au débit de Café, en
créditant Profits et pertes pour solde, n.° 72,
Journal.

Le compte d'Effets à la grosse, Grand-Livre,
fol. 8, présente 5,000 fr. de bénéfice pour excédant de crédit, dont je débite ce compte en créditant Profits et pertes, n.° 72, Journal. Effet à la
grosse a été débité de ce que j'ai déboursé, et je
l'ai crédité du produit, c'est-à-dire de la somme
reçue pour Capital et intérêts. L'excédant du crédit
doit donc indiquer mon bénéfice.

Cargaison du Navire le Hope. — Ce compte a été

ouvert pour les Marchandises chargées sur le Navire le Hope, pour mon compte; il a été débité du
coût total et crédité du produit de la vente; l'excédant du crédit sur le débit est de 20,000 fr., que
je porte au débit du compte de Cargaison en créditant Profits et pertes. (Voyez Grand-Livre, fol. 10,
et Journal, n.° 72.)

Auger, son compte à demi, Grand-Livre, fol. 11.
— C'est ici un compte en participation; mon associé est directeur de l'achat et de la vente. Lorsqu'il
me donne avis de l'achat qu'il a fait de compte à
demi avec moi, je le crédite lui-même son compte
courant en débitant le compte à demi de ma part
de l'achat. Lorsqu'il a fait la vente, je le débite
par le crédit du compte à demi, pour ma moitié
du net produit; il suit de ce principe que ce dernier compte étant débité de ma part de l'achat, et
crédité de ma part au net provenu, l'excédant du
crédit sur le débit indiquera mon bénéfice, qui
est ici de 500 fr., et que je porte au débit de ce
compte en créditant Profits et pertes pour solde,
Journal, n.° 72.

Le compte de Laine, Grand-Livre fol. 11, présente un bénéfice de 2400 fr. pour excédant du
crédit sur le débit, que je porte au débit de Laine
en créditant profits et pertes, Journal, n°. 72.

Duperron, de Bordeaux, mon compte, Grand-
Livre fol. 8. (Voyez Méthode théorique, n°. 43

et 57.) J'ai débité marchandises entre les mains de mon Correspondant du prix d'achat, et j'ai crédité ce compte du produit de la vente qu'il a faite pour mon compte. L'excédant du crédit sur le débit est ici de 5000 fr. dont je crédite Profits et pertes pour solde, en le portant au débit dudit compte de marchandises, Journal, n°. 72.

On voit que nous venons de débiter divers comptes en créditant Profits et pertes pour solde. Pour en passer écriture au Journal en un seul article, nous disons : Divers à Profits et pertes, etc. (Voyez Journal fol. 11, n°. 72.) Passant ensuite les écritures du Journal au Grand-Livre, je crédite Profits et pertes par divers, de la somme de 53,925 fr. J'ai porté au débit de chaque compte indiqué ci-dessus l'excédant du crédit, afin de les solder au Grand-Livre. C'est ainsi que j'ai obtenu la balance des comptes susceptibles de bénéfice. J'ai donc présenté dans le n°. 72, l'état des profits que j'ai fait cette année.

(73) Ici je présente un état des pertes de cette année sur les comptes susceptibles de profits ou de pertes.

Le débit des assurances monte à 20,000 fr. et le crédit à 2,000 fr. Le débit de ce compte représente nos pertes pour les sommes que nous devons rembourser; le crédit représente nos bénéfices pour les primes que nous recevons. L'excédant du débit sur le crédit est ici de 18,000 fr. dont je débite Profits et pertes en créditant Assurances pour perte nette et pour solde. (Voyez Grand-Livre, fol. 4, et Journal, n°. 73.

Le compte de dépenses générales Grand-Livre fol. 4, porte à son débit 1,200 fr. et rien à son crédit. Pour solder ce compte, je crédite Dépenses par le débit de Profits et pertes de la somme de 1,200 fr. pour ce genre de perte, provenant des dépenses générales, Journal, n°. 73.

Le compte de Dépenses domestiques, Grand-Livre, fol. 4, porte à son débit 3,400 fr. et rien au crédit. Je solde ce compte en le créditant par le débit de Profits et pertes, pour notre perte, par les dépenses domestiques, Journal, n°. 73.

Passant écriture au Journal pour mes pertes diverses, je dis en un seul article : Profits et pertes à divers, etc. Je porte cet article au Grand-Livre au débit du compte de Profits et pertes et au crédit d'Assurances, de Dépenses générales, de Dépenses domestiques, ce qui solde chacun de ces comptes au Grand-Livre, Journal, n°. 73.

(74) Pour solder le compte de Profits et pertes, je retranche le débit du crédit. Le débit monte à 22,600 fr. et le crédit à 61,800 fr.; l'excédant du crédit sur le débit est de 39,200 fr., que je porte au débit de Profits et pertes pour mon bénéfice net et pour solde et dont je crédite Capital. Ce dernier

compte se trouve augmenté de 39,200 fr.; mon
Capital net était :

En commençant mes affaires. . .   198,200 fr.
L'augmentation de Capital. . .   39,200
Mon nouveau Capital net, s'élève
donc à.   237,400

Dont je débite Capital par le crédit de Balance de
sortie pour solde. C'est ainsi que l'on balance le
compte de Capital. (Voyez Grand-Livre, fol. 1;
ce dernier compte et celui de Profits et pertes,
fol. 3.) Journal, n°. 74.

(75) Pour solder et balancer tous les comptes
susceptibles simplement de Balance, comme, par
exemple, les comptes des particuliers, les comptes
particuliers et généraux de marchandises et effets
de commerce, il suffit de consulter la Balance de
vérification qui a été faite d'après les additions du
Grand-Livre. En comparant le débit et le crédit de
chaque compte, si le débit est plus faible, on le
retranche du crédit; si au contraire le crédit est
moindre, on le soustrait du débit, et l'excédant ;
dans ces deux cas, se porte au débit ou au crédit
de Balance de sortie.

On trouve d'abord sous le n°. 75, au Journal,
tous les comptes dont le débit excède le crédit. J'ai
porté cet excédant de débit au crédit de chacun de
ces comptes au Grand-Livre, en débitant Balance

de sortie pour solde ; et j'ai dit au Journal : *Balance de sortie à Divers*, etc.

J'ouvre un compte à Balance de sortie au Grand-Livre, le débit de ce compte représente mon actif, ce que je possède en argent, en marchandises en magasin, en effets à recevoir, en dettes actives pour ce qui me reste dû par divers.

Pour la Caisse, retranchant le crédit du débit, l'excédant de débit représente ce qui reste en Caisse, et je dois y trouver somme pareille ; autrement il y aurait erreur et il faudrait la chercher.

Lorsqu'il reste des marchandises en magasin, je crédite le compte des Marchandises par le débit de Balance de sortie de la valeur de celles qui restent, ensuite je solde ce compte par profits et pertes. C'est ainsi que nous avons opéré pour les comptes suivans, Marchandises générales, Sucre, Café. Principe général : si le débit excède le crédit, il y aura perte, on en créditera Marchandise par le débit de Profits et pertes ; si au contraire, le crédit surpasse le débit, on portera cet excédant au débit de Marchandise, en créditant Profits et pertes pour bénéfice et pour solde.

Les comptes des particuliers qui sont restés Débiteurs, sont : Leblanc, Godson, Fournier, Ernest, Leblond, Coulon, Durand, Duperron, Perrier, Roger, Heibert, Auger ; je les ai crédités pour solde de l'excédant de leur débit sur leur crédit, et en même temps j'en ai débité Balance de Sortie.

L'excédant du débit de Lettres à recevoir, représente les effets restans en porte-feuille qui ne sont pas encore échus.

(76) Sous le n°. 76, au Journal, on trouve tous les comptes dont le crédit excède le débit. J'ai porté cet excédant de crédit au débit de chacun de ces comptes au Grand-Livre, en créditant Balance de sortie pour solde, et j'ai dit au Journal : *Divers à Balance de sortie*, etc.

Le crédit de Balance de sortie représente mon passif, ou ce que je dois, soit à divers pour l'excédant de leur crédit, soit pour le montant des effets à payer qui sont encore en circulation, et qui par conséquent me restent à acquitter.

On doit observer que mon Capital net joint aux dettes passives, égale le total de mon actif.

Le Capital net est de. . . . . . 237,400 fr.

Le total des dettes passives est de... 71,780

Somme égale au total de l'actif. . 309,180

(77 et 78) La Balance générale étant faite, le Teneur de Livres peut en présenter le résultat au négociant sous la forme d'un Inventaire. (Voyez le modèle que j'en ai donné au Brouillard, n°. 77.)

La Balance de sortie étant bien faite, et le Négociant connoissant les résultats exacts de tous les comptes qui ont été soldés, enfin l'état général de tout ce qu'il possède et de tout ce qu'il doit, il ne reste plus qu'à ouvrir sur les nouveaux livres, par le moyen du compte de Balance d'entrée, tous les comptes que l'on a soldés par celui de Balance de sortie.

On peut se faire une idée exacte de l'emploi du compte de Balance de sortie en le considérant comme celui d'un Être imaginaire, à qui tous les Débiteurs du Négociant payent ce qu'ils lui doivent pour solde, à qui tous les effets de ce Négociant ont été vendus, qui est supposé avoir payé tout ce que le Négociant doit à ses créanciers, tous les billets à payer encore en circulation, et avoir donné au Négociant lui-même le montant de son Capital.

Ce compte sert à balancer tous les autres, dont il indique les résultats particuliers, ou le solde, tant à son débit qu'à son crédit. On les ouvre ensuite de nouveau sur les Livres par Balance d'entrée.

Le compte de Balance d'entrée n'a donc été établi, que pour servir à ouvrir de nouveau sur les livres, tous les comptes déjà soldés par celui de Balance de sortie qui réunit tous leurs résultats ou les reliquats particuliers de chacun pour solde. La Balance d'entrée est donc une suite de la Balance de sortie.

Pour ouvrir tous les comptes dans leur ordre naturel par le moyen du compte de Balance d'entrée, il faut débiter 1°. les divers Débiteurs, cha-

12

cun de la somme qu'il doit au Négociant pour solde; il faut également débiter les Billets à recevoir,
la Caisse, les Marchandises générales, etc. du montant de ce que le Négociant possède de chacun de
ces objets, et créditer en même temps Balance
d'entrée du tout, Journal, n°. 77. L'article qui commence par ces mots : *Divers à Balance d'entrée*,
et celui qui suit, n°. 78, *Balance d'entrée à Divers*,
peuvent être considérés comme le commencement
du Journal B, dont j'ai passé écriture au Grand-
Livre B, que l'on trouve après le Grand-Livre A.

2°. Il faut débiter la Balance d'entrée de tout ce
que le Négociant doit à chacun de ses Créanciers,
pour solde, on les en crédite en même temps; il
faut encore débiter ladite Balance de toutes les Lettres et Billets à payer qui sont en circulation et du
montant du Capital de ce même Négociant, en créditant le compte de Lettres et Billets à payer et
celui de Capital, Journal, n°. 78.

On peut remarquer que la Balance de sortie est
l'inverse de la Balance d'entrée, sous ce rapport
que les comptes qui étaient restés Débiteurs, on
les a crédités pour solde en débitant Balance de
sortie; dans les nouveaux Livres, pour les rétablir
dans leur état naturel, on les débite en créditant
Balance d'entrée. Quant à ceux qui étaient restés
Créanciers dans les anciens Livres, on les a débités
pour solde en créditant Balance de sortie; dans les
nouveaux Livres, on les rétablit dans leur état

naturel en les créditant par le débit de Balance d'entrée; de sorte que le débit de Balance de sortie représentant tout l'actif du négociant et son crédit le passif et le Capital net du négociant, la Balance d'entrée au contraire indique à son débit le passif et le capital net, et à son crédit tout l'actif du négociant.

Démonstration mathématique. On a vu ci-dessus, pag. 93, à la Balance de vérification, que la somme de tous les Débiteurs égale celle de tous les Créditeurs; ce sont autant de rapports arithmétiques; or lorsque dans une suite de rapports arithmétiques, la somme des antécédents égale la somme des conséquents, la somme de leurs différences doit être encore égale. D'après ce principe, la Balance de sortie présentant à son débit et à son crédit la somme de ces différences, il s'en suit que le débit de ce compte doit être égal à son crédit. Il en est de même de la Balance d'entrée, puisqu'elle est l'inverse de la Balance de sortie.

Ma méthode théorique et pratique démontrant la manière de passer les articles du Brouillard au Journal, chaque article de cette méthode ayant un numéro correspondant à celui du Brouillard et du Journal, on peut s'exercer seul et apprendre sans maître; le raisonnement que je fais pour chaque opération commerciale, est propre à former le jugement et l'intelligence.

Pour exercice et pour s'assurer que l'on conçoit bien les principes de la Tenue des Livres à parties doubles, il faudra chercher les Débiteurs et les Créanciers de chaque article du Brouillard. On trouvera dans la méthode aux numéros correspondans l'explication de chaque opération.

Lorsqu'on sera capable de trouver ainsi les Débiteurs et les Créanciers, on pourra se croire suffisamment instruit, surtout si l'on rend bien compte des motifs ou des raisons qui déterminent le débit et le crédit.

J'ai indiqué la manière de commencer et de finir les livres, d'établir un Inventaire, de faire la Balance de tous les Comptes. J'ai fait l'application des principes aux divers cas ou aux diverses opérations du Commerce de terre, de mer et de Banque, et je les ai démontrés par le raisonnement.

Je suis entré dans le plus grand détail, en expliquant le Journal, c'est-à-dire, en indiquant la manière de l'établir, afin de mettre mon ouvrage à la portée de tous.

La Balance de sortie et la Balance d'entrée ont été bien démontrées et décrites avec clarté et précision.

Cette méthode sera donc très-utile à ceux qui désirent acquérir une connaissance parfaite des principes généraux de la Tenue des Livres à parties doubles.

OBSERVATIONS ET APPLICATIONS DIVERSES DU SYSTÈME
GÉNÉRAL DE COMPTABILITÉ, EXPRIMÉ PAR LA MÉ-
THODE A PARTIES DOUBLES.

1.º *Comptabilité du Commerce en détail.*

La Méthode de la Tenue des livres en partie
double, peut facilement s'appliquer au commerce
des Marchands en détail et des petits Commer-
çans. On doit suivre les mêmes principes que ceux
ci-dessus démontrés pour le Commerce en gros.
Je n'aurais pu donner une extension suffisante à
ma Méthode d'instruction, si j'eusse pris mes
exemples dans les opérations ordinaires des Com-
merçans en détail, mais je vais démontrer qu'il
est extrêmement facile d'appliquer les principes de
la partie double au Commerce en détail.

Le Marchand en détail peut tenir, à peu de frais,
des Livres en partie double, tout comme le Marchand en gros; cette Méthode lui donnera le moyen
de pouvoir établir sa position, en entrant dans le
Commerce, et de connaître sa situation et ses bénéfices à la fin de l'année. Il pourra établir les
Comptes suivans : 1°. Capital, 2°. Caisse, 3°. Marchandises générales, 4°. Divers Débiteurs, 5°. Lettres et Billets à recevoir, 6°. Lettres et Billets à
payer, 7°. Frais généraux, 8°. Dépenses personnelles, 9°. Ustensiles de Commerce, 12°. Profits
et pertes.

Les Livres auxiliaires du Commerce en détail, sont : 1°. Le livre de Caisse ; 2°. Le livre de Factures d'achats, 3°. Le livre de Frais, 4°. Le livre de Copie de lettres, 5°. Le livre des Comptes courans.

PRINCIPES. 1°. En commençant son commerce, le Marchand en détail ou le petit Commerçant doit faire un Inventaire exact par Actif et Passif, de tous les effets qui composent son fonds. L'Actif lui indiquera ce qu'il possède, pour en passer écriture au Journal, il en créditera le compte de Capital, en débitant les comptes de Caisse, de Lettres et billets à recevoir, de Marchandises générales, de Meubles et Ustensiles de commerce, de divers Débiteurs.

2°. Le Passif indique ce que le Marchand doit, il crédite les effets à payer, les comptes de chacun de ceux à qui il doit, en débitant le compte de Capital.

3°. Quant à l'usage des comptes du Grand-Livre que nous avons indiqués ci-dessus pour le marchand en détail, il observera de porter les pertes à gauche au débit du compte de Profits et pertes, en créditant le compte qui les a éprouvées ; on porte à droite au crédit les bénéfices que l'on fait en débitant le compte qui les produit.

4°. On débite la Caisse de l'argent que l'on reçoit en créditant le compte qui donne ; pour la sortie de l'argent, on crédite Caisse, en débitant le compte qui reçoit ou pour lequel la caisse a payé.

5°. Pour l'achat ou l'entrée des marchandises, on débite le compte de marchandises générales, en créditant celui qui donne; pour la vente ou la sortie, on crédite ce compte, en débitant le compte qui reçoit.

6°. On porte au débit du compte de divers Débiteurs ce qu'ils reçoivent ou ce qu'ils doivent, en créditant le compte qui donne; et on porte au crédit de ce compte ce qu'ils donnent ou ce qui leur est dû.

7°. Il en sera de même du compte particulier d'un Correspondant, ou de tout Négociant ou Marchand avec qui l'on a des relations et auquel on croit indispensable d'ouvrir un compte particulier.

8°. On débite le compte de Frais généraux de ce qu'on a payé pour dépense de commerce, en créditant la Caisse pour l'argent qu'elle a donné.

9°. Tout ce que l'on prélève pour les dépenses de ménage et autres quelconques, on le porte au débit du compte de Dépenses personnelles, en créditant la Caisse qui donne.

10°. On porte au débit du compte d'Ustensiles de commerce ce qu'ils coûtent, en créditant le Compte qui a donné; on porte au crédit le produit de ceux que l'on aurait pu vendre, en débitant le Compte qui reçoit.

11°. Le compte de Lettres et billets à recevoir,

est débité de tous les effets entrés par le crédit du compte qui les donn· ; pour la sortie de ces effets, on l'indique au crédit, en débitant celui qui les reçoit.

12°. Quand on paye ses engagemens, ou que l'on acquitte ses billets, on débite le compte de Lettres et billets à payer, en créditant la Caisse où le Compte qui donne; quand on forme des effets à payer, ou que l'on accepte, on crédite ce Compte, en débitant celui qui reçoit ou celui qui tire sur nous.

Il y a cette différence entre les Marchands détaillans et les Négocians, que les premiers achètent en gros et vendent en détail, et les derniers achètent et vendent en gros. A cause de cette conformité dans la manière d'acheter, les détaillans peuvent également adopter le compte de Marchandises générales, usité dans le commerce en gros. Quant à leurs ventes, comme elles se multiplient à l'infini, l'expérience a prouvé qu'il serait impossible de faire un article de chacune de ces ventes. Plusieurs teneurs de livres expérimentés sont d'avis que le seul moyen d'obvier à cet inconvénient, est que le marchand en détail ait deux tiroirs dans son comptoir, 1°. Le tiroir ordinaire sera destiné à contenir seulement et exactement le montant de toutes les sommes reçues pour les ventes au comptant de la journée; on observera de le compter tous les soirs sans y manquer, et d'en porter le montant en un seul article dans le Journal, ainsi qu'il suit :

——————— *Du 5 janvier 1815.* ———————

	fr.
CAISSE, doit à MARCHANDISES GÉNÉRALES, 600 fr. pour les ventes comptant faites ce jour, de différentes Marchandises à diverses personnes..	600

On passera un second article pour les ventes faites à crédit dans le jour , comme suit :

——————— *Du 13 janvier 1815.* ———————

	fr.	c.
DIVERS DÉBITEURS A MARCHANDISES GÉNÉRALES , 815 fr. 75 c. pour ventes faites ce jour à divers, de différentes Marchandises.	815	75

2°. On aura encore un autre tiroir uniquement destiné à recevoir les paiemens faits, soit pour à compte , soit pour solde des marchandises vendues à crédit à divers, dont on aura tenu note précédemment sur un carnet ou Livre de Comptes courans, dans lequel on ouvre un compte à chaque particulier par *doit* et *avoir*. Il ne faut point oublier de compter tous les soirs exactement le montant des sommes reçues pour cet objet dans le jour, on en fera ensuite un article dans le journal par un compte intitulé : *Divers Débiteurs*.

——————— *Du 18 janvier 1815.* ———————

	fr.	c.
CAISSE A DIVERS DÉBITEURS , 829 f. 15 c., reçu ce jour de divers pour à-compte ou pour solde de ventes antérieures.	829	15

Nous venons de démontrer que le Marchand en détail doit passer ses écritures d'après les mêmes principes que le Négociant en gros, et qu'il peut facilement tenir, à peu de frais, et avec peu d'écriture, des Livres à parties doubles, de même que le Marchand en gros ; en suivant cette méthode il pourra aussi connaître en tout temps l'état de ses affaires, et les bénéfices ou les pertes résultans de ses opérations, son Actif et son Passif.

On voit qu'il n'y a pas de difficulté pour le Marchand détaillant, d'avoir en son comptoir deux tiroirs pour recevoir, l'un, le montant des ventes au comptant, l'autre le solde ou les à compte des crédits antérieurs ; mais il doit observer soigneusement de n'y rien introduire d'étranger, et de n'en rien retirer, sans en prendre note exacte, d'écrire sur un Carnet ou Livre de Comptes courants tous les crédits, de faire chaque soir, un relevé du tout pour en faire deux articles au Journal, comme nous venons de l'indiquer.

Lorsqu'il voudra faire sa Balance, il suivra la même méthode que celle que nous avons démontrée ci-dessus n°^s. de 72 à 78. Après avoir pointé, c'est-à-dire après la vérification générale des articles du Journal au Grand-Livre, il fera sa Balance, c'est-à-dire qu'il prendra un État des soldes de tous les Comptes du Grand-Livre, ce qui lui donnera une parfaite connaissance de toutes ses affaires et de l'état où elles sont. Pour y parvenir,

il commencera par faire sur une feuille de papier
un État des additions de tous les Comptes qui sont
au Grand-Livre. Ayant trouvé la Balance de Vérification, c'est à-dire la somme de tous les débits
égale à celle de tous les crédits, il soldera par Profits et pertes le compte de Marchandises qui en est
susceptible; il dira au Journal: *Marchandises générales à Profits et pertes*, pour les gains qu'il a
faits pendant l'année ; ce compte présente du bénéfice, lorsqu'il a produit plus qu'il n'a coûté,
alors l'excédant de son crédit indique notre profit.

Si le débit du compte de Marchandises surpasse
le crédit, cet excédant de débit indiquant qu'il a
coûté plus qu'il n'a produit, il y aura perte ; on
dira au Journal : *Profits et pertes à Marchandises
générales*, ce que l'on portera ensuite au Grand-
Livre.

On soldera par le débit de Profits et pertes les
comptes de Frais généraux et de Dépenses personnelles que l'on créditera pour solde.

Le compte de Profits et pertes se soldera en le
débitant à Capital pour l'excédant de son crédit,
pour les bénéfices nets de l'année; article que l'on
portera au Journal et au Grand-Livre.

On soldera par Balance de sortie les comptes de
Capital, Lettres et billets à payer, Lettres et billets à
recevoir, Meubles et Ustensiles, Divers Débiteurs;
on solderait de même le compte des Particuliers
auxquels on aurait ouvert un compte. PRINCIPE :

l'excédant du débit se porte au crédit, en disant : *par Balance* pour solde; l'excédant du crédit se porte au débit, en disant : *à Balance.*

Le compte de Marchandises se solde par Balance pour celles restantes en boutique ou en magasin, ensuite additionnant le débit et le crédit, je porte l'excédant du crédit au débit de ce compte au Grand-Livre, en disant : *à Profits et pertes;* ce qui solde entièrement ce compte; s'il y avait perte, le débit surpasserait le crédit; je la porterais à *l'Avoir* de Marchandises, au Grand-Livre, en disant : *par Profits et pertes*, et j'en passerais en même temps écriture au Journal.

On doit solder les effets restans en nature par Balance. Ainsi l'excédant du débit de Caisse doit indiquer l'argent comptant qui reste en nature dans la Caisse que l'on crédite par Balance pour solde.

La Balance étant l'Inventaire ou l'État général du Marchand, elle doit lui présenter, lorsqu'elle est terminée, l'État général de ses affaires. Le débit de la Balance de sortie marque ses Effets actifs, Marchandises, Argent comptant, Lettres de change et billets, Meubles et autres effets, et le crédit désigne ce qu'il doit, excepté l'article de Capital qui indique son fonds net, dettes payées.

Nota. Tous les articles relatifs à la Balance se portent également au Journal et au Grand-Livre; dans le Journal, on dit : *Divers à Balance de sor-*

bie, pour ceux dont le crédit excède le débit; et *Balance de sortie à divers*, pour ceux dont le débit excède le crédit.

Il rétablira ensuite dans le nouveau Grand-Livre la balance ou les soldes des comptes du Grand-Livre précédent, il débitera à Balance d'entrée ceux qui restaient Débiteurs dans l'ancien, et Créditeurs par Balance d'entrée ceux qui restaient Créanciers. Dressant un compte qu'il intitulera Balance d'entrée du Livre B, il portera au débit de cette Balance les articles qui sont au crédit de la Balance de sortie du Livre A; par ce moyen Balance d'entrée sera débitée à tous les Créanciers restans du Livre A, en ouvrant à chacun un compte qu'il créditera par ladite Balance d'entrée.

Il portera ensuite au crédit de la Balance d'entrée du Livre B, le débit de la Balance de sortie du Livre A, et alors cette Balance sera créditée par tous les Débiteurs restans dudit Livre A, à chacun desquels il ouvrira un compte. Chaque Débiteur du Livre A, sera débité au Livre B de la somme qu'il devait pour solde au Livre A. Chaque Créditeur du Livre A sera crédité au Livre B de la somme à lui due pour solde, suivant la Balance du Livre A. Il Il continuera ensuite de passer les écritures d'après les mêmes principes.

Voyez pour modèles les articles portés à mon Journal et à mon Grand-Livre pour les soldes et la Balance de tous les Comptes, et en même temps les

explications et démonstrations que j'en ai données
en ma Méthode Théori-pratique aux numéros correspondans de 72 à 78.

2°. *Application de la Méthode à parties doubles à toute espèce de Comptabilité.*

Toute Comptabilité quelconque peut être expri-
mée et représentée par la Tenue des Livres à parties
doubles, dont tout l'art consiste à tenir des notes
exactes et bien ordonnées de toutes les parties distinctes de ses affaires, sans rien omettre.

Autrefois cette science ne s'entendait que de la
Tenue des Livres des Négocians, mais elle n'est
qu'une pour toutes les Comptabilités possibles, les
principes en sont les mêmes. Les diverses espèces
de Comptabilités ne diffèrent entre elles qu'en ce
que les objets dont elles tiennent notes, étant de
différentes natures, ont un Compte ouvert, chacun
sous la dénomination qui lui convient, afin d'en
distinguer la nature particulière, et de pouvoir se
rendre compte sur chaque objet. Et c'est ici qu'on
doit observer que ces différentes dénominations
des Comptes, établies suivant la nature des objets
pour lesquels ils sont ouverts, constituent tout ce
que chaque Comptabilité peut avoir de particulier.

Autrefois les Receveurs généraux et particuliers,
les Régies, les Administrations bornant leur travail
à recevoir immédiatement des Redevables, et à

verser immédiatement les sommes recouvrées dans
les caisses des payeurs, ou au trésor public, n'é-
taient assujettis qu'à tenir des livres de recette et
de dépense, et cette méthode pouvait suffire à une
gestion aussi simple ; mais les détails de la comptabilité se sont successivement multipliés et com-
pliqués, depuis que les fonds publics, à recevoir
dans différens lieux et à différentes époques, ont
été employés et mis en circulation dans les diverses parties du service public; or cette application,
cette distinction des fonds publics a accru le systême de la Comptabilité des Finances de tous les
fonds à recevoir, sans en presser le recouvrement.
C'est ainsi que par une savante combinaison, on a
facilité et simplifié toutes les parties du service public, en en ramenant le système à celui de l'ordre
du crédit, des économies et des ressources infinies
des opérations de la banque qui a porté le commerce à un degré de splendenr inconnu avant l'in-
vention des lettres de change, ou papiers de crédit, qui sont des traites faites de place en place,
par lesquelles les Banquiers ou les Négocians tirent
sur leurs correspondans une somme d'argent au
profit ou à l'ordre d'un tiers, qui en a fourni la
valeur par lui ou par un autre.

Le nombre des journaux, des registres généraux et particuliers, des bordereaux a dû nécessairement s'accroître dans le même rapport ; le
système simple d'enregistrement par recette et dé-

pense se compliquait avec les différens systêmes
d'enregistrement d'un ordre plus important, ce
qui multipliait les élémens de l'Etat général de situation ; alors les Administrateurs sentirent que
cette complication d'élémens divers nécessitait l'application d'un Système général de Comptabilité qui
pût embrasser toutes les parties de la Comptabilité
de leur administration dans leur ensemble et tout
leur détail ; ils virent clairement qu'ils persiste-
raient envain à vouloir suivre l'ancien systême ,
parce qu'il ne pouvait leur donner que des résultats incertains, incohérens et mille fois plus diffi-
ciles à obtenir que ceux que l'on obtient actuellement par la nouvelle méthode. Or ce nouveau
Système n'est autre chose que l'application des principes de la Tenue des Livres en parties doubles à
toute espèce de Comptabilité. En effet toute Comptabilité, quelle que soit celle à établir , a nécessairement deux objets principaux ; autrement elle
serait incomplète et insuffisante. Le premier est de
pouvoir rendre compte journellement de la situation du Chef, de la Régie ou de l'Administration
dont on tient les Livres, avec chacun de ses Comptables, de ses Débiteurs et de ses Créanciers , de
ses Agens et Commettans ; enfin avec chaque Etre
personnel ou collectif avec lequel on est en compte,
ou en relation d'affaires , et c'est là le seul but que
peut remplir la Méthode en partie simple , qui a
été reconnue ensuite par l'expérience , comme

insuffisante et incapable de donner une vraie situation de toutes les affaires d'une Administration, ou
d'une Régie quelconque.

Le second objet d'une Comptabilité quelconque
est de rendre compte en même temps au Chef, à
l'Administration, ou à la Régie dont on tient les
livres, des différentes espèces de valeurs que l'on
gère; de manière à connaître journellement ce que
l'on a reçu et donné, pour chaque sorte, chaque
nature de valeur, et par conséquent ce qui doit en
rester de chacune; il a donc fallu que l'Administrateur adoptât une Méthode qui pût lui servir
comme de Boussole et lui faire connaître en tout
temps l'avantage ou le désavantage qui résulte pour
lui de sa gestion, et si rien de ce qui a été en son
pouvoir n'a été soustrait ou dilapidé; voilà des
considérations très-importantes, qui renferment
les élémens de la partie double, et qui nécessitent
cette Méthode.

Or comment peut-on atteindre ce double but
d'une Comptabilité quelconque? On l'obtiendra
toujours par la méthode à parties doubles, parce
que la Tenue des Livres en doubles parties, en éta-
blissant un compte par Débit et par Crédit, pour
chaque Comptable, chaque Agent, ou chaque
Commettant avec lequel le Chef, ou l'Administration, dont on tient les livres, a des intérêts à ré-
gler, sans en excepter aucun, en établit aussi en
même temps pour chaque sorte de choses ou de

13

valeurs que l'Administrateur gère, ou pour chaque sorte d'actions ou d'événemens de sa gestion. En un mot elle établit des Comptes pour les choses, comme pour les personnes, d'où il résulte un Système général de Comptes, qui embrasse l'universalité des opérations et peut donner la connaissance des avantages ou désavantages qui peuvent provenir de la gestion de celui pour lequel on tient les Livres.

Or le résultat général de ces Comptes, ou le tableau de leurs résultats, présente la Balance et compose l'État général de la situation du Chef, de l'Administration ou de la Régie, pour laquelle les Livres sont tenus, non seulement quant à elle-même, mais encore quant à chacun de ses Comptables, de ses Agens et de ses Commettans. Pour se former des idées claires et précises et pour éviter toute abstraction, il faut considérer l'Administration, l'Association, le Receveur, le Payeur général ou particulier, l'Autorité ou la Régie quelconque dont il s'agit de tenir les Livres, comme un Etre individuel, et entendre de cette Association, Régie, ou Administration quelle qu'elle soit, suivant les principes de la Méthode à parties doubles, tout ce qu'on entendrait, ou tout ce qu'on dirait d'un simple individu, dont il s'agirait de tenir les Livres suivant cette méthode.

Ce principe reconnu et admis sera la base de la Comptabilité; on concevra ensuite que pour l'éta-

blir utilement, il faudra nécessairement qu'il existe
sur les Livres de l'Etre quelconque pour lequel ils
sont tenus trois classes de Comptes d'une nature
bien différente, si l'on veut exprimer exactement
toutes les relations, toutes les affaires de la Régie
ou de l'Administration.

Dans le Commerce ordinaire et dans la Banque,
on distingue trois espèces de Comptes qui servent
à établir la Comptabilité, et que l'on débite ou que
l'on crédite tant au Journal qu'au Grand-Livre, en
passant les écritures d'après les principes que nous
avons développés et démontrés dans notre Méthode.

Ces trois espèces de Comptes sont : 1°. Ceux qui
concernent le Chef.

2°. Ceux qui concernent les objets et tous effets
en nature, comme les Marchandises diverses, les
Papiers de crédit, l'Argent comptant, etc.

3°. Ceux qui concernent les Particuliers avec
lesquels on est en liaison d'affaires.

Les Comptes qui concernent le Chef ou le Négociant lui-même sont : Capital, Profits et Pertes, Dépenses générales ou Frais de commerce, Provisions
ou Commissions, Assurances, Escomptes, Frais domestiques ou de ménage. D'où nous tirons ce principe général que les Profits augmentent le Capital et
les Pertes le diminuent. On doit observer que Capital représente le compte du Chef ou le Compte
de fonds. Les dépenses, les frais de commerce ;

les frais de ménage, les pertes dans les assurances et dans les escomptes diminuent Capital ou le Compte de fonds. Les bénéfices dans les escomptes, les sommes que l'on reçoit pour prime d'assurance, et pour commission, lorsque l'on travaille pour compte d'autrui, sont autant de profits qui augmentent Capital.

Les Comptes qui concernent les objets en nature se divisent en quatre espèces. 1°. L'Argent comptant appelé Caisse ; 2°. les Marchandises pour lesquelles on peut ouvrir quatre espèces de comptes qui sont : 1°. Marchandises entre nos mains pour notre compte; 2°. Marchandises entre les mains d'un autre pour notre compte; 3°. Marchandises entre nos mains pour compte d'un autre ; 4°. Marchandises en société avec un autre Négociant ou Correspondant. 5°. Les divers effets en papier sont les Lettres de Change, les Billets à recevoir, les Contrats de rente, l'argent donné à la Grosse, les Billets à payer, les Effets protestés. 6°. Les Effets particuliers sont les Vaisseaux, Maisons et Terres, les Meubles, Intérêts dans des navires, en des Compagnies, etc. les Pacotilles.

Les Comptes avec lesquels on est en liaison d'affaires, sont : M. Tel de tel endroit son compte; M. Tel de tel endroit mon compte ; M. Tel de tel endroit notre compte à demi, à tiers, à quart, à $\frac{1}{5}$, $\frac{1}{6}$, etc....

Or, il est évident que, pour la Comptabilité

d'une Régie, d'une Administration quelconque, on doit ouvrir des Comptes semblables, et on en passe les écritures d'après les mêmes principes, suivant la nature des opérations, ou des affaires, dont la régie ou l'Administration se trouve chargée, ou qu'elle a sous sa direction, pour en rendre ensuite un compte exact et rigoureux, que l'on puisse démontrer mathématiquement.

Comme nous l'avons déjà dit ci-dessus, l'objet principal d'une bonne Comptabilité doit être, 1°. de pouvoir rendre compte de la situation du Chef, de la Régie, ou de l'Administration dont il s'agit, en tenant des notes exactes de ses affaires et de ses relations avec ses Comptables, ses Débiteurs, ses Créanciers, ses Agens et ses Commettans ; mais comme dans tout fait de Comptabilité, il y a nécessairement deux intérêts en opposition, que le même fait qui dégage l'un, oblige l'autre, que pour tout définir avec justesse et tout décrire avec précision, il faut rattacher chaque effet à sa cause, il s'en suit que la Méthode à partie simple ne parlant jamais des deux agens de l'opération, ou d'une action quelconque, et ne décrivant par conséquent que la moitié de l'action, serait insuffisante et incomplète et qu'il faut avoir recours à la Méthode à parties doubles, seule capable de pouvoir donner en tout temps une Situation exacte et générale pour tous les intérêts dont on est chargé, pour toutes les opérations que l'on fait, et pour tous les Comptes que l'on a ouverts.

2°. Pour pouvoir rendre compte de la situation du Chef de l'Administration avec ses Agens ou Commettans, il faut ouvrir un Compte à chacun; ce Compte n'aura d'autre objet que de faire connaître d'une part à son débit, ce que chaque Comptable ou chaque Commettant a reçu de l'Administration, qui crédite en même temps le Compte qui a donné; d'autre part il indiquera à son crédit tout ce qu'il a fourni à cette même Administration, qui débite en même temps le Compte qui a reçu ; on porte aussi à son débit tout ce dont il est redevable envers elle, et à son crédit, tout ce dont elle est redevable envers lui.

3°. Il y a encore d'autres Comptes particuliers au Chef de l'Administration, ou de la Régie dont on tient les livres ; ce sont ceux qui le représentent personnellement et ne concernent que lui ; leur objet est de lui faire connaître ce qu'il a reçu et donné de chaque sorte de valeur, faisant partie de sa gestion et ce qui doit lui en rester ; ce qu'il a dépensé, perdu ou gagné; ils servent aussi à lui rendre ses propres comptes, concernant l'emploi des différentes natures de valeurs qu'il gère, et les bénéfices ou les pertes de sa gestion ; c'est pour parvenir à ce dernier but, qu'il peut ouvrir le compte de Profits et Pertes, ou les subdivisions de

ce compte qui peuvent lui être utiles ; c'est en observant ces principes, qu'un Administrateur quelconque, le Régisseur, le Receveur, le Payeur
général ou particulier, enfin tout Agent comptable,
pourra connaître en tout temps l'avantage ou le
désavantage résultant de sa gestion, ou si rien de
ce qui a été en son pouvoir, n'a été soustrait ou
dilapidé ; l'entrée et la sortie des objets de diverses
natures à lui confiés, et ce qui lui en reste ; cette
comptabilité bien tenue pourra le diriger dans ses
opérations et sera pour lui comme une Boussole
qui lui servira de guide dans tous ses travaux et
dans les actes divers de son Administration.

On voit que les Livres d'un simple Particulier,
comme ceux d'un Administrateur, Payeur, Receveur, Régisseur, ou enfin de tout Agent comptable,
tenu selon le système et les principes de la Méthode à parties doubles, peuvent être considérés
comme formant une double Comptabilité, 1°. celle
de chaque personne avec lui, sans excepter aucune
de celles avec lesquelles il fait des affaires ; 2°. la
sienne avec lui-même, c'est-à-dire, celle de toutes
les valeurs de différentes natures dont il trafique
ou qu'il gère, et de ses Pertes et Bénéfices.

Si nous remontons à l'origine de l'institution
et de l'établissement de la Comptabilité générale,
nous y voyons les Négocians ne tenir des Comptes
que pour les personnes avec lesquelles ils font des
affaires ; mais alors, pour suppléer à l'insuffisance

de cette Méthode, ils étaient obligés de tenir des notes purement et simplement sur des Livres appelés auxiliaires pour les différentes natures de valeurs qu'ils recevaient ou fournissaient. Les Administrations même ne tenaient que des Livres de ce genre. La forme de ces Livres étant arbitraire, varie à l'infini, selon la volonté ou la nature des opérations de l'Administration qui les fait tenir; ils ne sont chacun qu'un Mémorial relatif à la sorte de valeur pour laquelle il est tenu. Ce système vicieux exigeait plusieurs années d'étude de la part des Employés pour qu'ils l'entendissent passablement, et ce n'est qu'avec beaucoup de peine qu'ils pouvaient parvenir, par le dépouillement de ces Livres plus ou moins exactement tenus, à obtenir les matériaux de l'Etat de situation du Négociant ou de l'Administration. En effet que pouvait-il résulter de choses écrites sans méthode et sans ordre, et sans faire connaître les soustractions ou erreurs provenant des omissions d'écritures dans l'une des parties de la Comptabilité? Ce système insuffisant et incomplet ne pouvait que multiplier à l'infini les objets d'une Comptabilité particulière, et jeter de l'obscurité sur la Comptabilité générale d'une Administration quelconque ; parce qu'il y avait une multitude d'opérations qui ne pouvaient y trouver place, et dont par conséquent on ne pouvait rendre compte, parce qu'elles ne pouvaient être classées, ni en recette, ni en dépense, seule distinction que ce genre de Comptabilité admettait.

Enfin les Négocians, obligés de se rendre compte de toutes les valeurs qu'ils recevaient et fournissaient, de leurs différentes natures de dépenses, de frais, de profits et de pertes, aussi bien que de toutes les opérations qu'ils faisaient avec leurs Correspondans et d'autres particuliers, sentirent le vice radical et l'insuffisance de cette Méthode ; et ils comprirent qu'ils rempliraient mieux leur but et qu'ils parviendraient plus facilement à établir un Etat de situation exact par une Balance générale et définitive, s'ils tenaient séparément un Compte pour chacun des différens objets de leurs opérations commerciales, comme pour chacun des Particuliers avec lesquels ils faisaient des affaires. Ce système général embrassant toutes leurs opérations, leurs pertes et leurs bénéfices, et tous ces Comptes ainsi établis, ayant entre eux des rapports mutuels et inévitables, ils ont obtenu par la réunion de leurs résultats, un Etat général de situation, qui ne pouvait être inexact dans aucune de ses parties, attendu qu'elles se contrôlaient mutuellement ; et c'est là le principal avantage de la Méthode à parties doubles qui, ouvrant des comptes aux personnes et aux choses, donne une Balance exacte et fait connaître la véritable Situation du Négociant.

Les Administrateurs zélés, jaloux d'obtenir une bonne Comptabilité, éclairés et guidés par ces pre-

mières connaissances, suivirent cette impulsion, et
purent facilement appliquer ces principes à leur
gestion. En effet ce genre de Comptabilité établis-
sant des Comptes pour les Particuliers ou les Correspondans avec lesquels le Négociant ou l'Administrateur fait des affaires, et pour toutes les natures de valeurs dont il trafique ou qu'il gère,
qu'il reçoit ou qu'il fournit, ainsi que pour tous
les genres de dépenses, frais, pertes et profits
qu'il peut faire, en tient ainsi pour l'universalité
des objets de ses opérations. Il en est aussi résulté
cet avantage inapréciable, qu'il est impossible que
l'un de ces Comptes soit redevable d'une valeur
quelconque, qui ne soit dûe au Compte qui lui fournit, ou qui doit lui fournir cette même valeur, ou
mieux que l'un de ces comptes soit Débiteur d'une
valeur quelconque, sans qu'un autre soit Créancier de cette même valeur. D'où il faut conclure
que la totalité des Débits de l'universalité des
Comptes doit nécessairement égaler celle des Crédits, et compose avec celle-ci un Contrôle et un
ensemble dont toute les parties se correspondent
mutuellement, et ont une affinité naturelle et iné-
vitable. On doit observer que chacune de ces parties se trouve mathématiquement démontrée par
son accord avec ce même ensemble qu'elle concourt à former, et par son juste équilibre avec la
Balance générale des Débits et des Crédits ; ce qui
offre une preuve si évidente et si certaine de la

vérité et de l'exactitude des écritures, que la moindre omission, le moindre vide, ou la moindre valeur ôtée ou ajoutée à l'un des Comptes en particulier, détruirait cet équilibre. Voyez Balance de vérification, pag. 92, et pour la Balance définitive, les n°s. 72, 73, 74, 75, 76, 77, 78, tant dant le Journal que dans la Méthode théori-pratique, où les principes de la Balance se trouvent démontrés dans le plus grand détail, et avec tout le développement nécessaire pour l'intelligence de cette question importante de la Comptabilité.

C'est ainsi que toute Comptabilité générale peut être extrêmement simplifiée, tandis que d'un autre côté, l'Etat général de situation se trouve confectionné journellement, et que ses préparations se trouvent dans chaque article que l'on écrit habituellement au Journal, par la manière simple et claire dont chaque article est rédigé ; car on doit considérer que la formation de l'Etat général de situation n'est autre chose que le simple bordereau des résultats de tous les Comptes particuliers, ce qu'on appelle Balance.

En se rappelant les principes exposés et développés dans notre Méthode, on pourra se former une idée exacte de l'extrême simplicité de ce genre de Comptabilité, dont le principe fondamental consiste uniquement à passer écriture au Journal de toutes les opérations que fait l'Administration publique ou particulière, le Receveur, le Payeur, le Régisseur, enfin l'Agent Comptable dont on tient les Livres, en débitant le Compte ouvert à la sorte de valeur que l'Administration reçoit, et en créditant le Compte ouvert à la sorte de valeur qu'elle fournit en retour ; ou en débitant le Compte ouvert au Particulier qui reçoit, et en créditant le Compte ouvert au Particulier qui fournit cette même valeur.

On voit par les exemples de notre Journal, que la formule par laquelle on débite le Compte qui doit être débité, et on crédite celui qui doit être crédité, est d'une extrême simplicité. On indique d'abord le Débiteur et le Créancier, ensuite on explique le motif qui a fait débiter l'un et créditer l'autre.

On peut donc aussi facilement passer écriture des opérations d'une Administration que de celles d'un Négociant ou d'un Banquier. En se formant une idée exacte des opérations de cette Administration, on se formera en même temps celle de chacun des Comptes généraux qu'il convient d'ouvrir à chacune des diverses sortes de valeur qu'elle gère en particulier.

D'où nous concluons que les principes de la Tenue des Livres en doubles parties peuvent s'appliquer avec la même facilité à toute espèce de Comptabilité, soit qu'elle ait à décrire de grandes ou de petites opérations, qu'elle roule sur les objets les plus grands ou les plus petits ; et la comptabilité de chaque Administration ne peut différer que par les différentes natures de valeurs qu'elle a pour objet, et dont elle tient compte; tout ce qui est particulier à chacun de ses modes, consiste seulement dans la connoissance exacte et précise des Comptes généraux qu'il convient d'établir pour chaque Classe générale de valeurs de différentes sortes qu'elle gère, et dont elle doit rendre compte; il ne s'agit donc que de connoître d'une manière certaine et fixe, tous les Comptes de cette nature qu'il faut ouvrir et débiter, ou créditer, tant au Journal qu'au Grand-Livre, c'est-à-dire les différentes parties de la Comptabilité à laquelle on veut appliquer la Méthode à parties doubles.

Ainsi, la Tenue des Livres n'étant qu'une pour toutes les Comptabilités possibles, celle des Livres des Receveurs généraux, par exemple, comme toute autre, ne peut avoir rien de particulier que ce que les différentes natures de valeurs, dont ils ont à tenir compte, offrent de particulier.

Supposons maintenant qu'un Teneur de Livres bien pénétré des vrais principes, soit chargé de tenir en doubles parties les Livres d'une Comptabilité quelconque qui seroient déjà établis suivant cette Méthode; quand même cette Comptabilité lui seroit étrangère, tous les Comptes généraux et particuliers qu'elle exige étant déjà connus et déterminés, il ne s'agit plus pour lui que de se faire une idée exacte des cas où chacun de ces Comptes

doit être débité et crédité, pour qu'il puisse facilement en passer les écritures, aussi bien que le
plus ancien Employé. D'où il suit que l'application
de la Tenue des Livres à une Comptabilité d'un
ordre quelconque, suffit pour rendre capable de
l'appliquer à celle d'un tout autre ordre, enfin à
toute Administration publique et particulière, parce
qu'elle se réduit à des idées générales, à des principes constans, certains et invariables, ce qui est
une de ses propriétés les plus précieuses.

On ne peut donc douter maintenant que la Méthode à parties doubles ne puisse également s'appliquer aux Livres même d'un Etat, ou d'un Empire,
dont les Livres tenus suivant cette Méthode com-
prendroient l'universalité des Comptes des divers
Ministres, des dépenses et revenus de tous genres.
Il est évident qu'un Teneur de Livres peut facilement, et en peu de temps, se former une idée de
l'universalité des revenus et des dépenses de l'Etat,
dans leur ensemble et leurs différentes classifica-
tions, dans leur montant particulier comme dans
leur totalité. On conçoit que pour y parvenir, il
n'auroit qu'à examiner et à parcourir les Comptes
généraux et particuliers, et qu'à reconnoître ce qui
est porté au débit et au crédit de chacun; en observant avec attention le motif ou la raison qui les
fait débiter ou créditer dans tel ou tel cas. C'est
ainsi que dans le plus court intervalle, il devien-
droit capable de suivre la marche tracée, d'y adap-

ter les principes de la Méthode à parties doubles, et de tenir les Livres de l'Etat avec la plus grande exactitude et dans le meilleur ordre, et seroit bientôt mieux instruit en même temps des différentes branches des revenus et des dépenses de l'Etat que l'Employé qui, suivant l'ancienne Méthode, auroit pâli plusieurs années sur les registres des différentes branches particulières de revenus et de dépenses, sans avoir jamais pu voir l'ensemble des dépenses et des revenus, parce que, dans ce système vicieux et compliqué, rien n'étoit propre à l'éclairer et à le guider pour acquérir cette connoissance essentielle et importante, que l'on acquiert néanmoins si facilement par le système des parties doubles, par lequel on peut obtenir promptement et en tout temps un Etat de situation et une Balance exacte.

Les hommes les plus ordinaires peuvent être admis à conserver un ordre si clair et si facile, lorsqu'il est une fois établi.

Pour savoir appliquer les principes de cette Méthode à toute Comptabilité publique, il suffit d'être capable de généraliser, de centraliser et d'embrasser sous un même point de vue le grand ensemble, tous les ensembles partiels et tous les détails qui doivent composer le grand tout de cette Comptabilité; il faut se former une idée exacte et positive des différentes parties de la Comptabilité dont il s'agit, et des divers Comptes à établir, en

observant les cas où chacun doit être débité ou
crédité, ce qui n'exige qu'un examen réfléchi de
chacun de ces Comptes en particulier.

De la Comptabilité rurale.

La Comptabilité rurale peut être tenue en parties doubles, suivant ce qui se pratique en Italie.

L'Auteur des *Recherches et Considérations sur
les Finances de France*, dit à ce sujet, tome II,
fol. 429 et 430, édition in-4.° : « L'ordre des par-
« ties doubles distingue une recette d'une autre,
« une dépense d'une autre dépense, l'argent des
« autres effets, la nature et le sort de ces divers
« effets..... Les Italiens ont imaginé ce bel ordre ;
« ils s'en servent même généralement dans le dé-
« tail des biens de campagne qu'ils font valoir : et
« si on y prenoit garde, partout où il se fait de
« fortes consommations, quelque immense qu'en
« fût le détail, il seroit facile de se procurer une
« connoissance intime et journalière de chaque
« emploi. »

La Comptabilité rurale à parties doubles, telle
qu'elle est usitée dans toute l'Italie, ne diffère point,
quant au mode, de la Comptabilité Commerciale,
que nous avons démontrée dans tout le cours de
notre Méthode ; nous nous contenterons de donner ici des préceptes que nous déduirons des principes et des règles précédemment énoncées ; con-

séquemment nous y renverrons pour éviter des répétitions.

Les Livres qu'il est nécessaire d'avoir sont : 1.° un Brouillard; 2.° un Journal; 3.° un Grand-Livre; 4.° un Livre de Caisse; 5.° un Livre de Dépenses; 6.° une Copie de Lettres; 7.° un Livre de Journaliers et Prixfaiteurs, qui doit être tenu comme le Livre des Ouvriers. Tous les Agriculteurs n'ont point besoin de tous ces Livres, cela dépend du plus ou moins de biens qu'ils font exploiter.

Pour établir cette Comptabilité, il faut faire d'abord l'Inventaire de tous ses biens, bestiaux, vaisseaux vinaires, charrues et autres ustensiles d'agriculture, et indiquer ce que l'on doit à l'encontre. Ensuite l'on ouvrira un Compte, 1.° à Capital, qui est le Compte de fonds; 2.° à Caisse; 3.° aux Terres, en les dénommant par le nom auquel elles sont connues; 4.° aux Bœufs, Vaches, Moutons, etc. Si l'on en a beaucoup, on peut leur ouvrir des Comptes particuliers, mais si l'on en a peu, il faut leur ouvrir un Compte général sous la dénomination de Diverses bêtes à cornes; 5.° aux Frais généraux de culture; 6.° aux Journaliers et Prix-faiteurs, chacun un Compte particulier; 7.° aux menus Débiteurs et aux menus Créanciers; 8.° aux Profits et pertes. Ensuite on passera les écritures au Journal, en observant les principes démontrés ci-dessus dans notre Méthode.

Quant aux Comptes particuliers et généraux à

14

ouvrir pour la Comptabilité rurale, 1.º On peut comprendre sous la dénomination particulière d'un Bien de campagne ou d'une Terre, ce qu'elle a coûté d'achat, ou son évaluation, que l'on porte au Débit de ce Compte, de même que les frais d'entretien, et à l'encontre au Crédit le produit des récoltes; 2.º en généralisant un peu plus ce Compte, on peut y porter en dépense et revenu, c'est-à-dire en Débit et Crédit, d'une part le prix d'achat ou l'évaluation, les frais d'entretien de quelque bétail ou de quelques autres animaux domestiques, et d'autre part leur produit.

3.º On peut détacher les parties qui composent le revenu net, et passer d'un Compte particulier à un Compte général, les parties homogènes qui composent le revenu net, peuvent aussi être représentées par des Comptes généraux; ainsi on comprendroit, par exemple, sous la dénomination de *Récoltes en grains de diverses terres*, toutes celles qui auront été portées à leur Compte respectif, en les portant par Balance de sortie au Compte général : on peut en dire autant des vignes, bestiaux, etc., que l'on peut dénommer *Récoltes en Vignes de diverses terres*, ou bien *Revenu en Laine*, etc. Le Débit de ces Comptes renfermeroit l'évaluation de ces objets, les frais faits à leur occasion, et le Crédit, leurs produits divers.

De la Balance. Avant que de faire la Balance générale, il faut 1.º pointer, c'est-à-dire vérifier si

tout a été bien rapporté du Journal au Grand-
Livre ; 2.° faire la Balance de Vérification ; *Voyez-
en le modèle, page* 92 ; 3.° procéder à la Balance
définitive en soldant tous les Comptes, ce qui donnera un Etat de situation. On trouvera ainsi les
Profits et pertes faits dans l'année, l'augmentation
ou la diminution du Capital, enfin le Capital net.
On pourra ensuite donner à cette Balance la forme
d'un Inventaire général. *Voyez Méthode Théori-
Pratique, les numéros 72 à 78, vous y trouverez
la manière de faire la Balance.*

De la Comptabilité Maritime ou Nautique.

Lorsque le Capitaine de Vaisseau est Consigna-
taire ou Géreur d'une Cargaison, il doit tenir des
Ecritures. En conséquence, il sera tenu d'avoir un
Registre ou Journal, coté et paraphé en chaque
feuillet par l'un des principaux intéressés du bâtiment, sur lequel il écrira le jour qu'il aura été établi Maître, le nom des Officiers et Matelots de
l'Equipage, le prix et les conditions de l'engagement, les paiemens qu'il leur fera, sa recette et sa
dépense concernant le Navire, et généralement
tout ce qui regarde le fait de sa charge, ou pour
raison de quoi il aura quelque compte à rendre, ou
quelque demande à faire.

Il ne faut point confondre le Journal de Comptabilité avec le Journal de route, appelé Routier,

sur lequel il ne fait mention que de tout ce qui lui
est arrivé, ou qu'il a vu de remarquable durant le
cours de son voyage.

Le Journal de Comptabilité doit être timbré et
non les autres Livres, comme étant censés être les
extraits du Journal. Il est nécessaire et même indispensable que la Facture générale et l'Inventaire
soient timbrés.

Le jour que le Capitaine a été établi Maître, les
noms des Officiers et Matelots de son équipage, le
prix et les conditions de leurs engagemens, ainsi
que les avances qu'ils ont reçues, tout cela est
constaté par le rôle d'Equipage. Cet article a lieu
tout de même pour la Navigation au petit Cabotage.

Le Capitaine fait aujourd'hui les fonctions de
l'écrivain, mais on doit observer que l'obligation
d'écrire sur son Registre les agrès et apparaux,
armes, munitions et victuailles du Vaisseau, est
remplacée maintenant par l'Inventaire que l'on est
dans l'usage de dresser du tout, et dont il délivre
un double au Propriétaire, ou à l'Armateur du
Navire, avec la Reconnoissance au bas; il en est de
même de la Facture générale des Marchandises qui
composent la Cargaison, dont il remet encore un
double aux Propriétaires, outre les Connoissemens
particuliers qu'il délivre aux Marchands-chargeurs,
dans lesquels le frêt ou nolis est réglé; ce qui n'em-
pêche pas qu'il ne transcrive la Facture générale sur
son Registre. Quant aux noms des Passagers et des

Gens de l'Equipage, avec leurs gages et loyers, cette formalité ne s'observe plus aujourd'hui, parce qu'elle se trouve remplie par le rôle d'Equipage que le Capitaine doit prendre au bureau des Classes. Ce qui vient d'être dit pour le Capitaine est applicable à tout Subrécargue, ou Géreur de Pacotille ou de Cargaison.

Par rapport aux Associations Maritimes, les Maîtres et Patrons qui naviguent à profit commun, c'est-à-dire, soit en société avec les Propriétaires du Navire, soit à la part du profit avec les gens de leur équipage, ne peuvent faire aucun négoce séparé *pour leur compte particulier*, à peine de confiscation de leurs Marchandises au profit des autres intéressés; ce qui doit s'entendre dans le même Navire, ou dans le même lieu de sa destination, dans le même temps et des mêmes Marchandises. Ils seront tenus, sous pareille peine, de donner, avant leur départ, aux Propriétaires du Bâtiment, un compte signé d'eux, contenant l'état et le prix des Marchandises de leur chargement, les sommes par eux empruntées, et les noms et demeures des prêteurs; ce qui a lieu, soit qu'ils soient eux-mêmes Co-propriétaires de Navire ou non, puisqu'ils achètent les Marchandises, pour former le chargement, et qu'ils empruntent les sommes nécessaires pour cela.

Quoique le Livre-Journal soit seul exigé, néanmoins quatre Livres paroissent indispensables pour la bonne tenue des Écritures. Ces quatre Livres sont : 1.° le Brouillard; 2.° le Journal; 3.° le Livre de Récapitulation; 4.° le Grand-Livre.

La Comptabilité Maritime peut être tenue en parties doubles, en observant les principes et les règles dont nous avons parlé précédemment dans le cours de notre Méthode.

Le Capitaine, Subrécargue, ou autre Géreur de Cargaison, doit commencer son Brouillard ou Main courante, et conséquemment son Journal, par la Facture de Cargaison, pour y avoir recours en cas qu'il vienne à perdre l'original, lequel doit être en liasse avec les autres papiers de mer, et remis sous clef dans son coffre. Lorsqu'il fait des ventes ou achats à terme, il doit en passer écritures au Journal à fur et mesure que les opérations de ce genre se présentent; il tient également note des opérations qu'il fait argent compté de suite; néanmoins s'il tient alors un compte de Caisse pour toutes les recettes et dépenses, il doit débiter ce compte de l'argent qu'il reçoit et le créditer de celui qu'il donne; il peut ouvrir des Comptes aux Frais généraux, aux Effets à payer, aux Lettres et Billets à recevoir, etc.; mais s'il ne tient point de Livre d'achat et de vente, il doit détailler les comptes et factures, comme il le feroit s'il tenoit des Livres *ad hoc.*

Le Livre de Récapitulation est un livre des plus utiles à tout Géreur de Cargaison; son format doit être un *in-folio* long, tenu par ordre alphabétique, comme un Répertoire de Grand-Livre, pour placer sous chaque caractère la nomenclature des Marchandises, dont la lettre initiale de leur dénomination est la même que l'une de celles contenues dans la série. On commence par porter à droite sur ce Livre la Facture de Cargaison, et à gauche les Ventes, en observant de mettre par date aux articles de la Facture celle de la sortie du port, et que les cases soient suffisantes pour contenir le détail des Marchandises, tant en entrée qu'en sortie, et vis-à-vis les unes des autres. La Comptabilité d'un Géreur de Cargaison doit se terminer par un Compte courant, qu'il remet à son Commettant Armateur, pour la vente et l'achat en retour faits par lui de la Cargaison du Navire. Il porte au Débit de ce Compte les achats de vivres et de diverses Marchandises, les frais de déchargement et de réparations au Navire, le montant des Marchandises vendues à divers, soit au comptant soit à crédit, et celui des Lettres de change à lui remises par les Acheteurs, enfin l'argent compté à son Commettant pour solde et pour ce qui reste en Caisse.

Il crédite ce Compte courant, ouvert à l'Armateur, du frêt des Marchandises chargées pour compte de divers, de ce qu'il a reçu des Passagers admis dans son Navire, et enfin du montant total des Marchandises composant la Cargaison, y compris celles vendues à crédit.

Ici on doit observer que si tout a été exactement porté, nécessairement le Crédit de ce Compte égalera le Débit.

Le Négociant Armateur ayant reçu le compte que le Capitaine de son Navire lui rend de sa gestion, en passe écriture. Les différentes parties du Débit de ce Compte indiquent celles de l'article qu'il faut porter au Journal.

Ouvrant un Compte d'Armement, il débitera ce Compte du montant des achats de vivres et des réparations faites au Navire.

Le Compte de Cargaison sera débité des frais de déchargement.

Il débitera le Compte de Marchandises générales du montant de celles achetées par le Capitaine, et qu'il doit lui livrer en retour des fonds qu'il a reçus pour son compte.

Ceux qui ont acheté du Capitaine diverses Marchandises à crédit, doivent en être débités au Journal.

Enfin, l'Armateur débitera le Compte de Lettres et Billets à recevoir, du montant des remises que le Capitaine lui fait, et qu'il a reçues pour la vente des Marchandises.

Le Compte de Caisse sera aussi débité des fonds qui sont comptés à l'Armateur par le Capitaine de son Navire.

Les différentes parties du Crédit du Compte courant, remis à l'Armateur, composent celles du Crédit de l'article qu'il faut passer au Journal.

Il faut créditer le Compte d'Armement des fonds reçus par le Capitaine, pour le frêt des Marchandises chargées pour compte de divers, et pour le voyage des Passagers.

On créditera ensuite le Compte de Cargaison du produit total des Marchandises qui la composent et qui ont été vendues.

On doit remarquer que l'article qu'il faut passer pour les différentes parties du Débit et du Crédit du Compte courant ci-dessus indiqué, est un DIVERS A DIVERS : les parties du Débit dudit Compte indiquent *les divers Débiteurs* de l'article qu'il faut passer au Journal, et les différentes parties du Crédit indiquent les *divers Créanciers*.

De la Comptabilité à établir pour une Manufacture ou une Fabrique.

Les Négocians qui établissent des Manufactures ou des Fabriques, pour un genre de marchandises quelconques, doivent ouvrir un Compte intitulé, *Manufacture ou Fabrique de telle chose ;* on le débite de ce qu'il coûte ; on le crédite du produit, et on le solde par Balance et par Profits et pertes.

1°. On débite ce Compte du prix coûtant de

toutes les matières premières et ustensiles que l'on achète ;

2°. On le débite des loyers, réparations, journées d'ouvriers, appointemens de Commis, des intérêts de fonds empruntés, frais de voyage, et généralement de tous les débours, de tous les frais qu'on paye pour la Manufacture ou la Fabrique ;

3°. On le crédite de toutes les ventes qu'on fait des objets fabriqués ou sortis de la Manufacture, et de la valeur des ustensiles que l'on vend.

4°. Pour solder ce Compte, on le crédite par Balance de sortie, de l'estimation ou de l'évaluation qu'on donne, tant aux objets manufacturés ou fabriqués, restans en nature, qu'aux ustensiles et aux matières premières qui restent en magasin; ensuite on le solde par Profits et pertes. Si le Crédit excède le Débit, cet excédant indique le bénéfice du Fabricant; si au contraire le Débit surpasse le Crédit, cet excédant indiquera la perte qu'il a faite.

S'il y a des Associés et des Actionnaires, chaque Associé ayant un Compte ouvert en particulier, il sera crédité, 1°. En commençant les Livres, de ce qui lui sera dû pour solde de ses avances et levées, ainsi que de sa part des bénéfices antérieurs à l'établissement des Livres en parties doubles; on le créditera également dans la suite de ses nouvelles avances, des intérêts qui lui seront dus, etc. 2°. Il sera débité de ce qu'il prendra, ou de ce qu'on paiera pour son compte. 3°. Avant de balancer ce Compte, il faudra préalablement le créditer de la part de l'Associé dans les bénéfices liquidés, ensuite on le soldera par Balance de sortie.

Il faudra aussi ouvrir un Compte particulier à chaque Commettant, Correspondant, aux gros Fournisseurs, à tous Bailleurs de fonds ; on le créditera de ce qu'il aura fourni et fournira, et on le débitera de ce qu'il recevra.

D'après l'Inventaire, ouvrant un Compte à chaque Actionnaire, on le créditera, 1°. En commençant les Livres, de ce qui lui sera dû, et dans la suite des nouveaux fonds qu'il fournira; 2°. On le débitera des sommes qui lui seront fournies, ou qu'on comptera pour lui. 3°. Lorsqu'on voudra balancer ce Compte, on le créditera préalablement de la part de l'Actionnaire dans les bénéfices liquidés, et ensuite on le soldera par Balance de sortie.

Les Comptes généraux et particuliers font connaître les diverses opérations de la Fabrique; et enfin sa situation, par le moyen de la Balance de tous les Comptes ouverts au Grand-Livre.

Si l'on tient un Compte de divers Débiteurs, il donnera le résultat d'un grand nombre de Comptes courans particuliers, tenus en détail sur les Livres auxiliaires.

Pour obtenir tous les développemens nécessaires, les Commis du Magasin peuvent tenir facilement un Livre de Caisse, les Livres auxiliaires
des Ventes et Recettes, ceux des Comptes courans des Acheteurs, etc.

Pour commencer le Journal à parties doubles,
les Associés ayant fourni un Inventaire général de
leur *Actif* et *Passif*, où leur Capital réel est li-
quidé; pour déterminer l'Actif de l'Entreprise, la
mise de chaque Associé et le montant de chaque
Action, il faut indiquer tout ce qui concourt à la
formation de ce Capital, et ouvrir un Compte à ce
dernier que l'on créditera de la somme qui le compose, en débitant pour sa part chaque Associé et
chaque Actionnaire; *divers à Capital*, etc.

Pour le Passif, on dira : *Capital à Divers*, pour
ce qui leur est dû, etc. Voyez Journal et Méthode,
nº. 1.

A la fin de l'année, lorsqu'on aura soldé tous les
Comptes par Profits et pertes et par Balance de sortie, le nouveau Journal à parties doubles commencera par ces deux articles :

Divers à Balance d'Entrée, pour ce qui suit,
composant les différentes parties de l'Actif de la
Fabrique, etc.

Balance d'Entrée à Divers, pour ce qui suit,
composant les différentes parties du Passif, etc.

Voyez dans la Méthode Théori-pratique, dans le
Journal à parties doubles et dans le Brouillard,

pour la démonstration de la Balance de sortie et
de la Balance d'Entrée, les n°s. 72 à 78.

De la Comptabilité particulière des Régisseurs, Intendans et Gens d'affaires.

Les Régisseurs, c'est-à-dire ceux qui régissent
par commission et à la charge de rendre compte,
les Intendans chargés d'une direction générale,
les Gens d'affaires, peuvent appliquer la Méthode
à parties doubles à une Comptabilité relative aux
revenus, aux charges, aux dépenses, et à toutes
les affaires d'un grand Propriétaire. Ils ouvriront
un Compte à chaque Terre, à chaque Maison, à
chaque Immeuble, à chaque Domaine, à chaque
Propriété d'une nature quelconque.

Chaque Compte sera débité du prix coûtant,
des contributions, des réparations et généralement de tous les frais qu'il occasionne ; ensuite on
le créditera de ce qu'il produit, soit pour loyer,
revenu, ou toute autre chose.

Lorsqu'on voudra faire la Balance, il faudra créditer ce Compte de l'estimation de l'Immeuble, en
débitant Balance de sortie, ou le Compte nouveau
qu'on voudrait ouvrir à l'Immeuble, on soldera
ensuite par Profits et pertes. Il y aura bénéfice, si
le Crédit surpasse le Débit, et dans le cas contraire,
il y aurait perte.

Pour les Effets à recevoir et à payer, comme

les Contrats remboursables à époques fixes, et autres, on en passe écriture, comme suit :

On ne se sert pas du Compte de Contrats de Rentes constituées à payer. Si l'on emprunte une
somme à Rente constituée, on crédite le Prêteur,
du montant du Contrat qu'on souscrit en sa faveur,
et on le débite lorsqu'on le paye et qu'il nous remet le Contrat.

On débite Profits et pertes pour chaque rente
que l'on paye, ou le Compte de Rentes, si l'on
veut tenir ce Compte pour en connaître le résultat particulier.

Quant au Compte de Contrats de Rentes constituées à recevoir, lorsque l'on donne des sommes
à Rentes constituées, on débite : 1°. ce Compte du
montant du Contrat que l'on reçoit en retour et
qui est souscrit par le Débiteur. 2°. On crédite le
Compte de Contrats de Rentes, quand on remet
ce Contrat et qu'on en reçoit le montant, en débitant Caisse pour la somme reçue.

5°. On crédite aussi ce Compte pour chaque
Rente que l'on reçoit, et on le solde par Profits et
pertes. Il y aura bénéfice, si le crédit surpasse le
débit.

Les Intendans ou Régisseurs porteront au
Compte de Profits et pertes, les dépenses, les
nouveaux héritages, tous les cadeaux, toutes les
rentes actives ou passives, tous les intérêts payés

ou reçus, les gages des gens attachés à la maison, tous les frais divers, etc.

Ils ouvriront encore d'autres Comptes auxquels ils donneront les dénominations particulières qui leur seront nécessaires, suivant la nature des opérations dont ils sont chargés; et pour trouver le Débiteur et le Créancier de chaque article, ils suivront les principes répandus dans le cours de cette Méthode.

Lorsqu'ils voudront connaître leur Situation, ils feront les additions de tous les Comptes du Grand-Livre, et établiront leur Balance, comme nous l'avons indiqué dans notre Méthode Théoripratique, n°. 72 et suivans.

De la Comptabilité à établir pour une Maison de Commerce, ou pour un Négociant qui n'a point encore tenu de Livres à parties doubles, mais qui a différentes pièces de Comptabilité et diverses Notes inscrites sur ses Livres auxiliaires.

S'il s'agissait de passer les écritures arriérées d'un Négociant ou d'un Agent-Comptable quelconque, ou même de rétablir en entier celles qu'il a négligé de tenir.

Il faudrait : 1°. lui demander l'Inventaire estimatif de l'Actif qu'il possédait en entrant dans le Commerce et de ses Dettes Passives, au moment où il a commencé ses opérations ; ensuite on en passerait écritures, comme suit : *Divers à Capital*, pour le montant de son *Actif*; et *Capital à Divers*, pour son *Passif*, ou ce qu'il devait à Divers.

Ensuite, pour connaître et afin de pouvoir décrire les opérations de son Commerce, on mettra en liasse, par ordre de dates, tous les documens de sa Comptabilité. On en passera écritures dans le même ordre, en observant les principes démontrés dans le cours de notre Méthode.

A chaque date, on aura soin, avant de passer à une autre, de prendre sur les Livres auxiliaires les articles que l'on y trouvera, et on en passera écritures.

Ces principes sont simples, et cette manière d'opérer est facile, néanmoins on éprouve quelques difficultés dans la pratique, parce qu'il arrive souvent que les documens fournis sont incomplets. On s'en aperçoit bientôt, lorsqu'on trouve que les résultats des écritures établies ne cadrent point avec l'Inventaire actuel du Comptable, erreur qui est démontrée évidemment, par la Balance de la Caisse et des autres Comptes, par le montant des Effets en Porte-feuille, des Effets à payer en circulation, par les Comptes courans des Particuliers, et par la situation du Magasin. Dans ces circonstances, pour réparer l'erreur, il faut s'assujettir à une infinité de recherches, de dépouillemens, et surcharger les écritures du Grand-Livre pour les

omissions ; souvent même on est obligé de le re-
faire à plusieurs reprises.

Après avoir obvié aux omissions, après avoir
fait aux résultats toutes les rectifications nécessaires, on doit regarder le résultat comme définitif
et exact, lorsqu'il se trouve d'accord avec l'Etat
réel de situation du Comptable.

Lorsque tout est enfin régularisé par les recherches et l'exactitude du travail, et que l'on a terminé le brouillon du Journal et du Grand-Livre,
on les met au net.

Telle est la manière de créer des Livres confor-
mes aux documens produits et aux Livres auxiliaires déjà existans.

Des Ecritures à établir pour chaque nature par-
ticulière de Comptabilité, suivant l'espèce de
Commerce ou d'Industrie dont il s'agit, ou sui-
vant le genre d'Opérations d'une Fabrique ou
Manufacture, d'un Etablissement, ou d'une
Administration quelconque.

Quelle est la marche que le Teneur de Livres
doit suivre, lorsqu'il s'agit de créer les Livres qui
conviennent le mieux à telle ou telle nature de
Comptabilité, soit qu'elle soit compliquée ou d'un
ordre extraordinaire, soit qu'elle nécessite la créa-
tion d'un grand nombre de Comptes séparés pour

15

une branche nouvelle de Commerce ou d'Industrie ?

Pour établir les Livres les plus convenables à
une Comptabilité quelconque, il faut examiner
avec soin tous les objets qu'elle se propose, se former une idée exacte de son ensemble et de tous ses
détails, considérer les moyens d'exécution et les
frais qu'elle peut comporter, enfin il faut être en
état de créer les procédés nouveaux qui lui conviennent le mieux. Or pour se former l'idée la plus
exacte de tous les détails d'une Régie, d'une Administration, ou d'un Commerce quelconque, il
faut un homme expérimenté, qui réunisse à l'esprit le plus exercé les connaissances et les vues les
plus étendues, et qui soit capable enfin de saisir
tous ces détails, et de les co-ordonner de la manière la plus parfaite et la plus simple, afin d'obtenir par la Balance un résultat qui puisse faire
connaître la véritable Situation de l'Établissement.

Lorsque le Teneur de Livres est parvenu à établir ses Écritures sur des bases simples et solides,
tout marche ensuite avec une extrême facilité et
avec un petit nombre d'Agens; il n'y a plus qu'à
suivre la route qu'il a tracée.

Le Routinier, qui n'a point de principes, opé-
rera toujours d'une manière incertaine, et ne pourra
jamais arriver au but.

Nous allons indiquer quelques règles sur cette
nature de travail.

1°. Le Teneur de Livres doit travailler à établir la Situation présente de l'Établissement, en faisant l'*Inventaire* de l'*Actif* et du *Passif*.

2°. Il prendra connaissance des Livres auxiliaires déjà existans; de leur usage, de leur forme, de toutes les Écritures, quelles qu'elles soient, enfin de tous les Documens qui peuvent lui être utiles pour former son Journal.

3°. Il examinera avec attention quels peuvent être les objets qui nécessitent des Comptes à rendre séparément.

4°. Il s'assurera des moyens dont on pourra disposer pour tenir des Notes exactes de toutes les Opérations de l'Établissement, à mesure qu'elles auront lieu.

5°. Quant aux Valeurs que l'on reçoit et que l'on fournit, qui peuvent être de même nature, quoiqu'elles aient différentes dénominations, le Teneur de Livres doit s'attacher à ne former que le plus petit nombre possible de Classes distinctes de ces diverses Valeurs, et il fera en sorte de comprendre dans une même Classe toutes les recettes et dépenses de même nature. Cependant il pourra former une Classe séparée de chaque espèce de Valeur, de recette ou de dépense, dont on veut rendre compte en particulier; afin de pouvoir déterminer facilement tout ce qu'on fait sous ce rapport, par le tableau du Grand-Livre où l'on ouvrira un Compte à cette Valeur, pour s'en rendre raison.

6º. Dans un grand Commerce de détail, les Agens des Opérations sont obligés d'ouvrir un nombre considérable de Comptes particuliers sur des Livres auxiliaires, il faut laisser tous ces détails sur ces Livres et ouvrir un Compte Collectif, c'est-à-dire un seul Compte général, réunissant plusieurs en un seul, et représentant tous les Individus que ces Comptes particuliers concernent; par exemple le Compte de Divers, celui de Divers Débiteurs, celui de Divers Créanciers, celui de Débiteurs douteux, celui de Créanciers douteux. En généralisant ainsi les Comptes, on peut simplifier beaucoup la Comptabilité qu'il s'agit d'établir en parties doubles, sans rien néanmoins changer à l'ordre des détails nécessaires, pour faire connaître l'état des choses.

7º. Comme il est utile de connaître le détail de ses opérations, de ses affaires, on doit conserver tous les Livres auxiliaires dont l'usage est indispensable, pour tenir des Notes exactes de tous ces détails; on peut regarder ces Livres comme le développement et la démonstration des Comptes généraux, par lesquels seulement on peut simplifier, centraliser et liquider la Comptabilité qu'il s'agit d'établir.

8º. Le Teneur de Livres aura soin d'indiquer tous les Comptes généraux à ouvrir, les cas où ils devront être débités et crédités, enfin la marche qu'il faudra suivre pour les Opérations diverses de l'Etablissement, et les Livres auxiliaires nécessaires pour en décrire tous les détails.

9°. On commencera les Livres par les articles relatifs aux différentes parties de l'Inventaire actuel; on en passera Écritures conformément au plan qu'on aura adopté pour les Comptes à ouvrir. Voyez n°. 1 , *le Brouillard , le Journal et la Méthode Théori-pratique.*

10°. Pour balancer les Livres , on procédera comme nous l'avons indiqué, *Méthode Théori-pratique* , n°ˢ. de 72 à 78.

Plusieurs Négocians ou Marchands tenant boutique ou magasin, ouvrent des Comptes Collectifs, afin de dégager le Journal des détails longs et minutieux des ventes à crédit, et pour éviter d'ouvrir au Grand-Livre un grand nombre de Comptes. Ainsi ils ouvrent un Compte de *Divers Débiteurs*, ils portent au Débit les sommes dues par Divers auxquels ils ne veulent point ouvrir un Compte , et au Crédit les paiemens qu'ils font.

Nous portons au Crédit du Compte intitulé : *Divers Créanciers*, les sommes que nous leur devons, et au Débit les paiemens que nous leur faisons.

Lorsqu'on fait la Balance, si l'on trouve des Débiteurs qui doivent des sommes dont on compte peu sur la rentrée, il faut en débiter un Compte intitulé : *Débiteurs douteux*; on le créditera ensuite des sommes que l'on recevra dans la suite.

S'il y a des Débiteurs dont on n'espère rien recevoir, on débite un Comptè intitulé : *Débiteurs
mauvais* ; on le crédite, si l'on reçoit quelques
sommes; on le soldera ensuite par Profits et pertes, pour les sommes entièrement perdues.

On peut ouvrir un Compte de *Divers Créanciers
litigieux*, de *Divers Débiteurs litigieux*, pour les
affaires en litige. On solde ces Comptes par Balance et par Profits et pertes.

On crédite le Compte de *Divers Créanciers litigieux*, 1°. Des Dettes Passives litigieuses portées
sur l'Inventaire, et dans la suite on le crédite de
celles de même nature qui s'établissent, 2°. on
débite ce Compte pour l'Argent, ou les autres Valeurs fournies en paiement, aux Créanciers litigieux,
et l'on en crédite la Caisse, ou le Compte ouvert
aux autres Valeurs; 3°. Lorsqu'on voudra faire la
Balance générale, on débitera ce Compte par le
Crédit de Balance de sortie, pour le montant des
sommes qui resteront dues aux Créanciers litigieux; 4°. On soldera ensuite par Profits et pertes.
Si alors le Crédit excède le Débit, cet excédant
indique notre bénéfice; on en débite ce Compte,
en créditant Profits et pertes. Si le Débit excède le
Crédit il y aura perte; on en créditera ce Compte
par le Débit de Profits et pertes.

On débite le Compte de *Divers Débiteurs litigieux*, 1°. Des sommes dues par les Débiteurs liti-

gieux portés sur l'Inventaire, et des nouvellesCréances litigieuses, que l'on pourra acquérir dans la suite; 2°. On le crédite des Valeurs reçues en paiement des Créances litigieuses; 3°. En faisant la Balance générale, on crédite ce Compte, en débitant Balance de sortie de la valeur de celles de ces Créances, qui seront encore à recouvrer à cette époque. 4°. On soldera enfin par Profits et pertes, afin de pouvoir déterminer le bénéfice ou la perte à ce Compte.

Lorsque dans une Fabrique ou dans une Manufacture, on contracte une Société générale avec un ou plusieurs Associés, on peut ouvrir à chaque Associé un Compte intitulé, *Notre Sieur un Tel, son Compte de Fonds.* On le crédite, en débitant son Compte de Fournissement des Fonds qu'il doit fournir à la Société. En faisant la Balance, on porte à ce Compte la part que l'Associé a dans les bénéfices ou les pertes.

On ouvre aussi à chaque Associé un Compte intitulé : *Notre Sieur un Tel, son Compte de Fournissement,* on le débite des fonds qu'il s'est obligé de fournir à la Société, et on le crédite de ceux qu'il fournit.

Chaque Associé ayant encore un Compte intitulé : *Notre Sieur un Tel, son Compte de Levées,* on le débite des sommes qu'il prend; si à l'époque de la Balance, l'Associé a pris plus qu'il ne lui est alloué, on crédite son Compte de Levées, en débitant son Compte courant ; si au contraire il a moins pris, on le débite de la somme qu'il a prise de moins, en créditant son Compte courant. Chaque Associé doit avoir en outre un Compte intitulé : *Notre Sieur un Tel, son Compte courant*, on le débite des sommes qu'il a prises au-delà de celles qui lui sont allouées par l'acte de la Société, et on le crédite de celles qu'il a prises de moins. S'il prête des sommes à la Société, on l'en crédite dans son Compte courant, et on le débite au même Compte, pour les remboursemens qu'on lui fait.

———

Analyse et Application des Principes à divers Comptes particuliers, faisant partie de la Comptabilité générale ; manière d'en passer les Écritures, de les solder et balancer.

Il y a divers Comptes qui sont des subdivisions des Comptes généraux ; nous allons indiquer les cas où il faut les débiter et créditer, et la manière dont on en fait la Balance.

Des Comptes en Banque.

Lorsqu'un Négociant dépose des Fonds dans une Banque, pour y avoir un crédit ouvert, il doit ouvrir un Compte à cette Banque, sous le nom de *Banque de France*, ou *de Banque d'Amsterdam*, *Banque de Hambourg*, *Banque de Gènes*, *Banque de Venise*; il débitera ce Compte : 1°. des Fonds déposés dans la Banque, pour laquelle il a ouvert un Compte, ou de l'Action qu'il a prise dans cette Banque; 2°. Des Fonds qu'on lui assigne sur elle, c'est-à-dire, qu'on lui donne à recevoir d'elle; 3°. Il le créditera des Fonds qu'il retirera de la Banque, ou qu'il assignera sur elle, et du prix qu'il retirera de l'Action qu'il a dans cette Banque, lorsqu'il vendra cette même Action. Il soldera ce Compte par Profits et pertes. Lorsqu'il est ouvert pour une Banque étrangère, il faut le tenir en doubles colonnes, dont l'une sera destinée pour y porter les monnaies étrangères, et l'autre pour l'évaluation au cours en monnaie du pays où l'on est. —

Compte d'Intérêt dans une Compagnie, ou Action sur un objet quelconque.

Si un Négociant prend un Intérêt dans une Compagnie ou sur un objet quelconque, il doit ouvrir un Compte à cet *Intérêt, sur tel objet*, etc. ou *dans telle Compagnie*, etc. Il débitera ce Compte, 1°. Du prix de l'Action ou Intérêt ; 2°. Des frais qu'elle occasionne; 3°. Il le créditera des intérêts qu'elle lui procurera, et de la somme capitale, lorsqu'il en recevra le remboursement, ou qu'il vendra l'Action ; 4°. Il soldera par Profits et pertes.

Du Compte de Liquidation.

Lorsqu'on a dissous une Société et qu'on veut la liquider, on peut ouvrir un Compte intitulé, *Compte de Liquidation*.. Ce compte tient lieu de Balance d'entrée, dont nous avons parlé, n°. 77 et 78, *Méthode Théori-pratique*; avec cette seule différence, qu'au lieu de créditer le Compte de Capital du Fonds Capital, on crédite chaque Associé de ce qui lui revient pour sa part à l'Actif net de la Société, d'après les conventions stipulées dans l'Acte. Ainsi pour liquider tous les Comptes d'une Société, on balance d'abord ses Livres, en soldant tous les Comptes par Balance de sortie, comme nous l'avons démontré, *Méth. Théor.* n°. 72 *et suiv.*

Ensuite il faudra rétablir tous les Comptes dans les Livres destinés à la Liquidation. Pour l'*Actif*; on créditera le Compte de Liquidation, et on débitera tous ceux qui étaient débiteurs dans les Livres de la Société. Pour le *Passif*; on débite le Compte de Liquidation, en créditant ceux qui sont restés Créanciers par la Balance de sortie, le Compte de Capital excepté, à la place duquel on crédite chaque Associé, de ce qui lui revient, pour sa part à l'Actif net de la Société, selon les conventions exprimées dans l'Acte des Associés.

Après avoir ainsi rétabli tous les Comptes, on
passe ensuite Écritures de toutes les ventes, recouvremens et paiemens qu'on opère, à mesure
qu'on les fait; de même que de toutes les distributions et répartitions faites à chacun des Associés.
Lorsque l'*Actif* et le *Passif* de la Société sont liquidés, et que l'on a porté tous les Profits et toutes
les pertes au Compte de Profits et pertes; il faut
solder ce dernier Compte par ceux des Associés,
en débitant ou créditant chaque Associé de sa
part à la perte ou au profit, suivant les conventions, savoir : en débitant par le Crédit de Profits
et pertes chaque Associé de sa part à la perte, si
la Liquidation a donné de la perte; ou en créditant
par le Débit de Profits et pertes chaque Associé de
sa part au profit, si elle a donné du profit.

Du Compte de Pacotille sous un tel.

Il faut débiter ce Compte du montant de l'achat
de la Pacotille et des frais; et pour les marchandises
qu'on reçoit en retour, on le débite encore des
frais qu'elles ont occasionnés; ce Compte sera ensuite crédité du produit de la vente de ces marchandises, et on le soldera par Profits et pertes;
on le débitera par le Crédit de ce dernier Compte,
s'il y a bénéfice; et on le créditera par le Débit de
ce même Compte, s'il y a perte.

Du Compte de tel ou tel Vaisseau.

Le Négociant Armateur doit ouvrir un Compte à chaque Vaisseau qu'il achète; il le débitera du montant de l'achat et des frais à chaque voyage, ensuite des frais d'armement, mise hors ou déboursés, etc; il le créditera du montant du fret, du prix du voyage des Passagers, etc; puis s'il vend le Vaisseau, il créditera son Compte du montant de la vente, et il le soldera par Profits et pertes. Si le Crédit de ce Compte surpasse le Débit, cet excédant indique le bénéfice, et il faudra le porter au Débit, en créditant Profits et pertes; si au contraire le Débit surpasse le Crédit, cet excédant indiquera la perte que l'on a faite, il faudra en créditer le Compte de Vaisseau en débitant Profits et pertes.

Du Compte d'Armement de tel Navire.

Plusieurs Négocians Armateurs ouvrent un Compte d'*Armement de tel Navire ;* à chaque voyage, ils débitent ce compte des frais d'Armement, et ils le créditent de ce qu'il produit, tant pour le fret ou prix du transport des marchandises qu'il contient, que pour le prix du voyage des Passagers ; ils le soldent ensuite par Profits et pertes, ou par le Compte du Navire même, qu'ils créditent du produit net de chaque voyage.

Du Compte de Foire de tel endroit.

Lorsque lesNégocians ou les Fabricans envoient des Marchandises en Foire pour les exposer en vente, ils leur ouvrent un compte intitulé : *Foire de tel endroit ;* ils le débitent : 1°. En créditant *Marchandises générales*, du montant de toutes les Marchandises qu'ils envoient à la Foire ; 2°. Ils le débitent par le Crédit de Caisse de tous les frais qu'ils paient, comme frais de voyage, de loyer, etc. 3°. Au retour de la Foire, ils le créditent du montant de toutes les ventes, en débitant la Caisse, pour les ventes au comptant; quant à ceux qui ont acheté à crédit, il faut les débiter à leur Compte courant; 4°. Ils créditent aussi ce Compte, en débitant *Marchandises générales* du montant des Marchandises qui n'ont pas été vendues, et ils le soldent par Profits et pertes.

Du Compte de Prêts à la Grosse, ou Contrats de Grosse Aventure à recevoir.

Le Négociant qui prête à la Grosse Aventure sur des vaisseaux ou sur des marchandises, reçoit un Acte ou un contrat par lequel l'Emprunteur s'oblige à payer la somme prêtée, avec le change maritime ou la Grosse convenue. Dans ce cas il ouvre un Compte intitulé, *Prêts à la Grosse*, ou *Contrats à la Grosse*. On prépare au Débit et au Crédit une colonne intérieure, avec deux colonnes de numéros de rencontre, pour distinguer les Contrats. On débite ce Compte : 1°. en écrivant la somme portée par le Contrat, dans la colonne intérieure, et la somme prêtée dans la colonne ordinaire ; 2°. On porte encore au Débit, dans la colonne ordinaire seulement, les frais qu'on paye pour les Contrats, de même que les Primes d'assurance, si l'on se fait assurer, 3°. Lorsque le vaisseau est de retour et qu'on reçoit le montant du Contrat, on en crédite ce Compte, dans la colonne intérieure et dans la colonne ordinaire ; 4°. Si le vaisseau sur lequel on a prêté périt, on écrit, dans la colonne intérieure, la somme portée par le Contrat, sans rien écrire dans la colonne ordinaire : mais si l'on s'est fait assurer, on écrit, dans la colonne intérieure, la somme portée par le Contrat, et dans la colonne ordinaire, celle qu'on reçoit des Assureurs, que l'on doit regarder comme le produit de ce Compte ; 5°. Pour le solder, on le crédite, en débitant Balance, ou le nouveau Compte que l'on voudrait ouvrir, des Contrats dont le sort n'est pas encore connu, en portant, dans chacune des deux colonnes, les mêmes sommes pour lesquels ils sont employés au Débit, ce qui balance les colonnes intérieures, ensuite on solde les colonnes ordinaires par Profits et pertes. L'excédant du Crédit de ces colonnes indique le bénéfice.

Tous les Billets, Promesses ou Contrats quelconques, dont on doit recevoir le montant, ne sont que des Effets à recevoir, et on doit observer, pour en passer écriture, les mêmes principes que ceux que nous avons démontrés pour le Compte de Lettres et billets à recevoir.

Contrats de Grosse-Aventure à payer.

Un Négociant qui emprunte une somme à la Grosse-Aventure sur un Vaisseau, doit souscrire un Contrat en faveur du Prêteur, pour l'obligation du paiement du principal et de l'intérêt convenu ; alors 1°, il créditera le Compte de Grosse-Aventure à payer, tant du principal que des intérêts portés au Contrat ; Caisse sera débitée de la somme qu'il reçoit, et le vaisseau de l'intérêt convenu, 2°. Lorsqu'il acquitte le Contrat au retour du Vaisseau, il débite par le Crédit de Caisse Contrats de Grosse aventure à payer, comme on débite les Effets à payer, lorsqu'on les acquitte, en créditant la Caisse qui en a payé le montant. 3°. Si le Vaisseau périt, il débitera le Compte de Grosse-Aventure du montant du Contrat pour solde, et il en créditera le Vaisseau dont la perte acquitte cette sorte de Contrats et en solde le Compte.

Moyen infaillible de pouvoir déterminer et con-
naître en tout temps sa Situation , et d'entre-
tenir une Balance habituelle et permanente,
pour tous les Comptes ouverts au Grand-Livre.

En formant la Balance de Vérification tous les
mois, et en dressant un seul Tableau de ces Balan-
ces pour chaque mois de l'année, on voit pour
chaque Compte, en tout temps et d'un coup d'œil,
la marche progressive des opérations, et notre Situation actuelle relativement à ce Compte. Il en
sera de même pour tout autre.

On dressera ce Tableau, pour chaque mois,
comme nous l'avons indiqué, pages 92 et 93; pour
le premier mois, on écrira au-dessus des colonnes
du *Doit* et de l'*Avoir, Janvier*; pour le second mois,
Février; ainsi de suite de mois en mois sur un seul
Tableau; on porte dans les colonnes du Débit et
du Crédit le résultat que donne chaque Compte
pour chaque mois. On doit remarquer que chaque
Compte est indiqué au commencement de la ligne ;
et on voit ainsi pour chacun, pour chaque mois
de l'année, le montant de son Débit et de son Crédit qui augmentent progressivement; avantage pré-
cieux qui peut faire connaître au Négociant, en
tout temps et en un instant, sa Situation définitive,
pour quelque Compte que ce soit.

Ce moyen simple et facile offre donc au Négociant et au Comptable sa Situation relative avec chaque Compte, en quelque temps de l'année que ce soit.

Tout Agent-Comptable, tout Négociant, l'Administrateur comme le Banquier, le Receveur, le Payeur, le Régisseur, les Intendans et les Gens d'Affaires recueilleront encore ce fruit de ce travail important, qu'à la fin de l'année, ils pourront obtenir une Balance générale et définitive en quelques heures.

On ne peut retirer cet avantage que de la Méthode à parties doubles, parce qu'ouvrant des Comptes aux personnes et aux choses, désignant toujours les deux Agens de chaque opération, et rattachant chaque effet à sa cause, elle définit tout avec justesse, décrit tout avec précision, indique les mouvemens divers, l'entrée et la sortie de tous les objets du Commerce, et fait ressortir de la comparaison des divers Comptes qui marchent tous d'un pas égal, un solde régulier et définitif, toujours précédé des preuves de son exactitude; d'où il résulte que la Balance s'opère habituellement et chaque jour, par les opérations qui se succèdent et qui sont décrites par chaque Article que l'on porte au Journal et au Grand-Livre, et qu'on peut connaître en tout temps sa Situation pour chaque Compte; et par le moyen que nous indiquons, c'est-à-dire, en faisant chaque mois sa Balance de Vérification, on peut établir en quelques heures sa

16

Situation générale et définitive, par la Balance soldée de tous les Comptes ouverts au Grand-Livre.

Utilité et Exactitude de la Méthode en Parties doubles.

Les principes répandus dans cette Méthode ont
été démontrés avec toute l'exactitude mathématique, par les résultats comparés entre eux de la totalité des Comptes, par le contrôle de la Balance
de Vérification, enfin par la Balance générale et
définitive; et en appliquant ma Méthode à toute
espèce de Comptabilité, je l'ai rendue propre à
établir et à maintenir l'ordre dans les Comptabilités
publiques et particulières.

FIN.

TABLE DES MATIÈRES.

la Situation du Négociant. — Trois sortes de Sujets, 1.º le Chef; 2.º les Effets en nature; 5.º les Correspondans. — Division en trois classes : la première, composée des comptes du Chef; Capital, Profits et Pertes, Dépenses, Provisions, Assurances. — 2.me classe; Comptes des Effets réels; Argent comptant, Marchandises, Effets en papier, Effets particuliers. — 3.me classe; Comptes des Correspondans, Compte commun, Compte courant pour leurs affaires, pour nos affaires particulières, ou pour celles en société. — Les Comptes s'appliquent à trois sortes d'affaires, à la Banque, aux Marchandises, aux Finances, pour soi-même, pour compte d'autrui, ou en Société. — Trois sortes d'actions, recevoir, fournir, changer. — Trois sortes de négociations, acheter, vendre, échanger. — Trois sortes d'Effets employés pour les négociations, l'Argent, les Marchandises, les Papiers de crédit. — Trois manières de négocier, au comptant, à terme, ou en échange. — Connoissances que l'on peut tirer des Comptes formés pour trois sortes de Sujets. — Trois choses considérées dans chaque Compte, le Sujet, le Débit, le Crédit. — Trois manières de finir les Comptes, avec profit, avec perte, ou sans profit ni perte. — Principe général pour trouver le Débiteur et le Créancier de chaque article de la partie double, ou la cause et l'effet. — Principe appliqué aux persônnes et aux choses. — Entrée et sortie des Effets en nature. — Propositions diverses pour l'application et la démonstration des principes,

---

*Table Analytique des Affaires ou Opérations du Com-
merce de Terre, de Mer et de Banque, représentées
par chaque numéro.*

Nota. Chaque article du Brouillard portant le même
numéro au Journal et dans la Méthode Théorique et Pratique, cette Table servira à faciliter les recherches et l'instruction relative à la Tenue des Livres en parties doubles.

On pourra, d'après cette Table, consulter sous le même
numéro le Brouillard, le Journal et la Méthode, et s'exercer à passer les Écritures.

(1) Manière de dresser un Inventaire. — Du Compte de
Capital. — De l'Actif et du Passif du Négociant. — Des
objets abstraits; des Comptes de Commission, Frais généraux, Dépenses, Provisions, Assurances, Profits et
Pertes. — Comptes qui concernent individuellement le
Négociant. — Moyen commercial primitif. — Axiome et
principe général. — Définition de la Tenue des Livres.
— Trois Livres principaux, 1.° le Brouillard; 2.° le
Journal; 3.° le Grand-Livre. — Des Livres auxiliaires.
— Deux Méthodes pour tenir le Mémorial. — Maximes
pour trouver le Débiteur et le Créancier. — Principes
pour former les articles dans le Journal. — Règles géné-
rales. — Formule. — Entrée et sortie des Effets. — Ar-
gent comptant; Marchandises et Papiers de crédit. —
Lettres et Billets de Change. — Balance de l'Actif et du
Passif. — Capital net.

(2) Achat comptant.

(3) Achat à terme.

(4) Vente au comptant.

(5) Vente à terme.

(33) Acheté diverses Marchandises, moitié comptant, moitié à trois mois.

(34) Escompté un Effet. — Comptes qui sont des subdivisions de celui de Profits et Pertes: 1.º Frais généraux ; 2.º Dépenses; 3.º Assurances; 4.º Commissions; 5.º Intérêts; 6.º Change, Escompte, Jeu, Rentes; 7.º Succession.

(35) Négocié un Effet.

(36) Reçu pour prime d'assurance au montant des Marchandises que j'avois assurées.

(37) J'ai pris une Lettre de Change sur une place étrangère.

(38) Compté pour Frais et Dépenses.

(39) Compté pour Frais de Ménage.

(40) Mon Correspondant a négocié ma Lettre de Change sur l'étranger.

(41) J'ai donné une Somme à la grosse aventure.

(42) Compté une Somme que j'avois assurée pour Marchandises.

(43) Mon Correspondant achète pour mon compte des Marchandises.

(44) Des Comptes en participation. Je suis Directeur de l'achat et de la vente. — Première Méthode; Marchandises achetées comptant, de compte à demi.

(45) Marchandises vendues comptant, *ibid.* — Manière de solder.

(46) Je dirige l'Achat et la Vente. — Deuxième Méthode; Marchandises en participation. — Achat comptant de compte à demi.

(47) Vendu comptant, *ibid.* — Solde.

(48) Dans cet article passé, par la troisième Méthode; je dirige l'achat et la vente. — J'achète comptant de compte à tiers.

(49) J'ai reçu de chaque Associé le tiers de l'achat.

(50) Vendu comptant de compte à tiers. — Solde.

(51) J'ai compté à chaque Associé leur tiers au net provenu.

(52) Quatrième Méthode; Directeur de l'achat et de la vente, j'achète comptant de compte à quart.

(53) J'ai reçu de chaque Associé leur quart de l'achat.

Table pour les Questions diverses de Comptabilité Commerciale et Administrative.

FIN DE LA TABLE.

ADRIEN EGRON, IMPRIMEUR
DE SON ALTESSE ROYALE MONSEIGNEUR, DUC D'ANGOULÊME,
rue des Noyers, n.º 37.

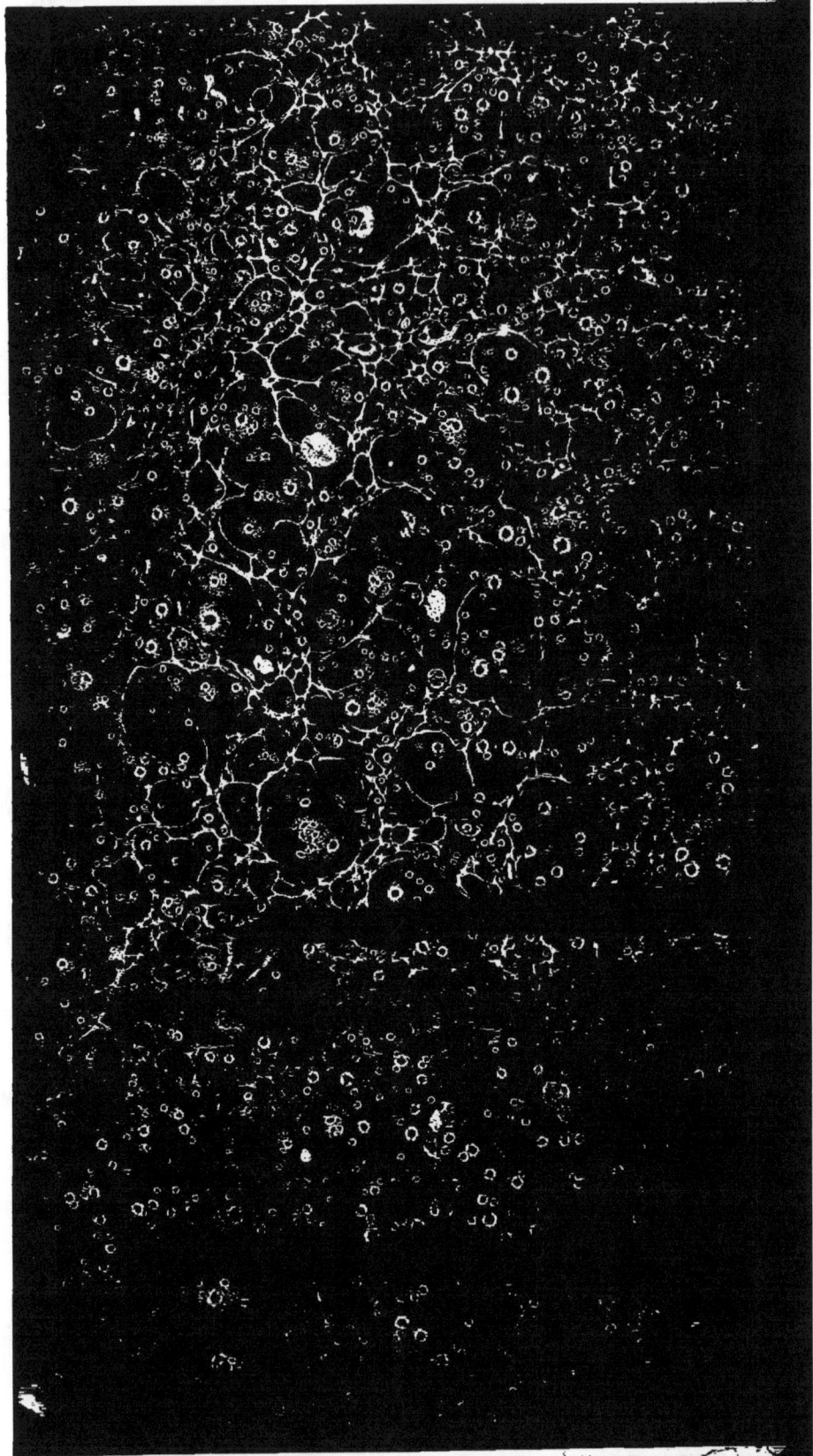

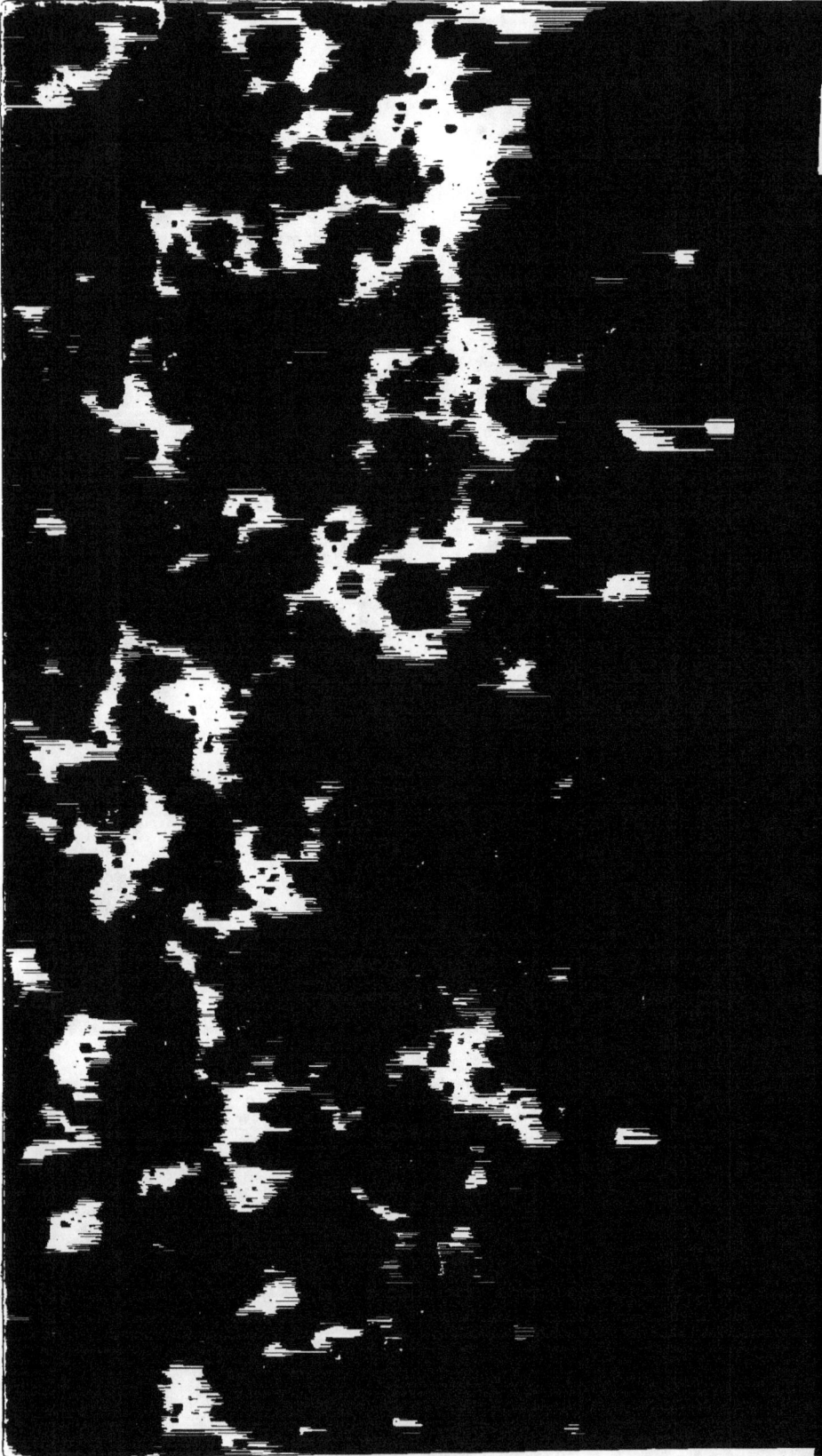

www.ingramcontent.com/pod-product-compliance
Lightning Source LLC
Chambersburg PA
CBHW060340200326
41519CB00011BA/1991